初めての
第3種冷凍機械責任者試験
受験テキスト

酒井 忍 著

日本教育訓練センター

はじめに

　近年の不況の影響で，転職する人の増加，新卒の就職難あるいは，将来への不安などのため，ビル設備管理などの職を求める人が増加傾向にあります．また，自己のスキルアップや生涯学習なども近年叫ばれてきております．しかし，これらの工場管理やビル管理を行うには，数多くの資格（国家資格）が必要で，中でも，**第3種冷凍機械責任者**，第2種電気工事士，2級ボイラー技士，乙種第4類危険物取扱者については，設備管理をする上で必須の資格と言われております．近年のビルや郊外型スーパーでは，機械設備特に空調用冷凍機や電気設備が大型化されてきており，これを取扱う有資格者が不足している状況です．

　冷凍機の多くは，機器や密閉容器内に冷媒である大容量の**高圧ガス**を保有しています．つまり，冷凍機の取扱いを誤れば大きな事故になる可能性もあります．このため，冷凍能力の大きい冷凍機を安全に運転するには，所定の知識や技能が必要とされ冷凍保安責任者の有資格者でなければ，運転管理をすることができないように高圧ガス保安法で規定されています．

　冷凍保安責任者は，取り扱う冷凍機の容量から第1種，第2種，第3種の三つに分けられていますが，まず，第3種冷凍機械責任者（いわゆる3冷）の資格を取得することがそのステップの第1段階となります．3冷を取得するには，**第3種冷凍機械責任者試験**に合格する必要があるわけです．

　本書は，初めて冷凍機の運転，管理者を目指す方が，出来るだけ無駄な学習をせず**第3種冷凍機械責任者試験**に合格することに的を絞って編纂しました．内容については，普通高校卒など冷凍機にまったく触れたことのない方でも十分内容を理解できるよう出来るだけ平易に解説をし，合格するために最低限必要な内容を盛り込んであります．また，出

題の可能性が高い部分の解説を詳細に行い，各章ごとに練習問題を載せて，受験者の理解が十分深まるようにしてあります．

　したがって，受験勉強に際しては，本書以外の他のテキストや法令集が全く不要で，本書を一通りマスタして頂ければ合格力が十分備わり，その後，過去8年分の全問題と解答を収録した「第三種冷凍機械責任者試験模範解答集」（電気書院発行）および，「すぐわかる第3種冷凍機械責任者試験実力アップ問題集」（日本教育訓練センター発行）などで最後の仕上げ学習を行えば，必ずや合格されると思います．本書を十分活用され，1日も早く合格の栄冠を獲得され，技術者の一員としてご活躍されることを願っております．

2007年2月

酒井　忍

初めての第3種冷凍機械責任者試験受験テキスト 目次

第1編　保安管理技術

第1章　冷凍のしくみ　3
- 1.1　冷凍機とは　3
- 1.2　熱の移動（伝熱）　4
- 　練習問題にチャレンジ　7
- 　ここでちょっと一休みしましょう　9
- 1.3　顕熱と潜熱　11
- 1.4　冷凍の原理　13
- 1.5　p-h線図と冷凍サイクル　16
- 　練習問題にチャレンジ　22
- 1.6　冷凍能力と冷凍効果　23
- 1.7　成績係数　26
- 　練習問題にチャレンジ　28
- 　ここでちょっと一休みしましょう　33

第2章　冷媒と潤滑油　35
- 2.1　冷媒の性質　35
- 2.2　潤滑油　38

		練習問題にチャレンジ	41
第3章	**圧縮機**	**45**	
	3.1	圧縮機の種類	45
	3.2	圧縮機の効率	47
	3.3	圧縮機の構造・保守など	47
		練習問題にチャレンジ	51
第4章	**凝縮器**	**55**	
	4.1	凝縮器の伝熱作用	55
	4.2	凝縮器の種類	57
	4.3	空冷凝縮器	57
	4.4	水冷凝縮器	58
	4.5	蒸発式凝縮器	60
	4.6	冷却塔(クーリングタワー)	61
	4.7	不凝縮ガス	61
		練習問題にチャレンジ	63
		ここでちょっと一休みしましょう	67
第5章	**蒸発器**	**69**	
	5.1	蒸発器の種類	69
	5.2	乾式蒸発器	70
	5.3	満液式蒸発器	72
	5.4	冷媒液強制循環式蒸発器	73
	5.5	着霜と除霜	74

5.6	ディストリビュータ（分配器）	74
	練習問題にチャレンジ	76

第6章　附属機器　81

6.1	受液器	82
6.2	ドライヤ（乾燥器）	82
6.3	フィルタとストレーナ	82
6.4	液分離器	83
6.5	油分離器	83
6.6	液ガス熱交換器	84
	練習問題にチャレンジ	85

第7章　自動制御機器　89

7.1	自動膨張弁	90
7.2	圧力調整弁	92
7.3	圧力スイッチ	93
7.4	電磁弁と断水リレー	94
	練習問題にチャレンジ	96
	ここでちょっと一休みしましょう	99

第8章　安全装置　103

8.1	高圧遮断装置	103
8.2	安全弁	104
8.3	溶栓	105
8.4	破裂板	105

8.5　ガス漏えい検知警報装置	105
8.6　液封	106
練習問題にチャレンジ	107

第9章　配　管　111

9.1　冷媒配管	111
9.2　配管材料	114
練習問題にチャレンジ	115

第10章　強　度　119

10.1　圧力容器の応力	119
10.2　圧力容器の材料	121
10.3　圧力容器の強度	121
練習問題にチャレンジ	124

第11章　圧力試験　127

11.1　耐圧試験	127
11.2　気密試験	128
11.3　真空試験（真空放置試験）	129
練習問題にチャレンジ	131

第12章　運転の状態　135

12.1　運転状態	135
12.2　各装置の運転時の目安	136
12.3　冷凍装置の不具合	137
練習問題にチャレンジ	139

第13章　保守管理　143
　　練習問題にチャレンジ　　　　　　　　　144
　　ここでちょっと一休みしましょう　　　　150

第2編　法　令

第1章　高圧ガス保安法の目的・定義　155
　1.1　高圧ガス保安法の目的　　　　　　　156
　1.2　高圧ガス保安法の定義　　　　　　　157
　1.3　適用除外の高圧ガス　　　　　　　　158
　　練習問題にチャレンジ　　　　　　　　　160

第2章　高圧ガスの製造・貯蔵の許可等　163
　2.1　高圧ガス製造などの許可　　　　　　163
　2.2　高圧ガス製造などの届出　　　　　　164
　　練習問題にチャレンジ　　　　　　　　　166

第3章　第1種製造者・第2種製造者　171
　3.1　第1種製造者　　　　　　　　　　　171
　3.2　第2種製造者　　　　　　　　　　　172
　　練習問題にチャレンジ　　　　　　　　　174

第4章　設備の定義・冷凍能力　177
　4.1　製造設備等の用語の定義　　　　　　177
　4.2　高圧ガスの用語の定義　　　　　　　177
　4.3　冷凍能力の算定　　　　　　　　　　178

練習問題にチャレンジ　　　　　　　　　　180
第5章　冷凍設備の基準　183
　5.1　製造設備の技術上の基準　　　　　　　　183
　5.2　製造設備（毒性・可燃性ガス）の技術上の基準　184
　5.3　移動式製造設備の技術上の基準　　　　　185
　　　練習問題にチャレンジ　　　　　　　　　　186
　　　ここでちょっと一休みしましょう　　　　192

第6章　製造方法の技術基準　195
　6.1　製造方法の技術基準　　　　　　　　　　195
　6.2　バルブ等の操作に係る措置の技術基準　　196
　6.3　その他の技術基準　　　　　　　　　　　197
　　　練習問題にチャレンジ　　　　　　　　　　198

第7章　危害予防規程　203
　7.1　危害予防規程　　　　　　　　　　　　　203
　7.2　保安教育　　　　　　　　　　　　　　　205
　　　練習問題にチャレンジ　　　　　　　　　　206

第8章　冷凍保安責任者　209
　8.1　冷凍保安責任者　　　　　　　　　　　　209
　8.2　冷凍保安責任者,代理者等　　　　　　　　214
　　　練習問題にチャレンジ　　　　　　　　　　215

第9章　保安検査・定期自主検査　219
　9.1　保安検査　　　　　　　　　　　　　　　219

9.2	定期自主検査	221
	練習問題にチャレンジ	222

第10章　危険時の措置と帳簿　227

10.1	危険時の措置	227
10.2	帳簿	228
	練習問題にチャレンジ	229

第11章　容　器　233

11.1	容器の製造方法,容器検査	233
11.2	容器の刻印,表示	235
	練習問題にチャレンジ	239
	ここでちょっと一休みしましょう	244

第12章　高圧ガスの移動・廃棄　247

12.1	高圧ガスの移動	247
12.2	高圧ガスの廃棄	248
	練習問題にチャレンジ	251

巻　末

受験時の注意事項など	257
模擬試験問題にチャレンジ	261
さくいん	279

冷凍関係の高圧ガス製造保安責任者試験受験案内
（概略）

1. 冷凍関係の高圧ガス製造保安責任者試験とは

　高圧ガス保安法（平成9年4月1日に改正）第29条の規定には，高圧ガス製造保安責任者免状の種類として，甲種化学責任者免状，乙種化学責任者免状，丙種化学責任者免状，甲種機械責任者免状，乙種機械責任者免状，第1種冷凍機械責任者免状，第2種冷凍機械責任者免状及び第3種冷凍機械責任者免状が定められており，このうち冷凍に関するものは同法第27条の4で，冷凍能力20トン以上の冷凍設備（冷凍設備を使用してする暖房を含む）を設置している第1種製造者および，一部の第2種製造者は，事業所ごとに，高圧ガス製造保安責任者免状の交付を受けている経験者のうちから冷凍保安責任者を選任し，高圧ガスの製造に係る保安に関する業務を管理させなければならないとされています．

　ただし，法第27条の4第1項第1号により，冷凍保安規則（冷規）第36条第2項に定める施設は選任をしなくともよく，その施設は，

　　一　製造設備が可燃性ガス及び毒性ガス（アンモニアを除く）以外のガスを冷媒ガスとするものである製造施設であって，次のイからチまでに掲げる要件を満たすもの（アンモニアを冷媒ガスとする製造設備により，二酸化炭素を冷媒ガスとする自然循環式冷凍設備の冷媒ガスを冷凍する製造施設にあっては，アンモニアを冷媒ガスとする製造設備の部分に限る）．

と，ユニット型等として詳細に定められています．また，冷規第36条第2項第2号において「R114（フルオロカーボン114）の製造設備に係る製造施設」においても，冷凍保安責任者の選任をしなくてもよいことになっています．

　第1種冷凍機械責任者，第2種冷凍機械責任者または第3種冷凍機械責任者免状に係る製造保安責任者試験に合格することにより，免状交付

申請をすれば免状は交付されますが，冷凍保安責任者として選任をする場合には，実務経験が必要です．

試験は毎年1回11月の第2日曜日に実施されていて，試験事務のすべては高圧ガス保安協会が行っています．高圧ガス保安協会のホームページ（http://www.khk.or.jp/），TEL：03-3436-6102等で，確認してください．

2．受験資格と試験の程度

受験資格には，学歴，年齢，経験等の制限はありません．

3．試験科目及び試験時間

試験は筆記試験のみで，その試験科目は**第1表**のように実施されます．

4．試験科目の免除

詳細は**第2表**のとおりです．

5．試験担当事務所（受験願書提出先）

高圧ガス保安協会のホームページ（http://www.khk.or.jp/）を参照してください．

第1表

試験の種類	試験科目	法　　令	保安管理技術	学　　識
	試験時間	60分 (9時30分から 10時30分まで)	90分 (11時00分から 12時30分まで)	120分 (13時30分から 15時30分まで)
高圧ガス製造保安責任者試験	第一種冷凍機械責任者	高圧ガス保安法に係る法令（択一式）	冷凍のための高圧ガスの製造に必要な高度の保安管理の技術（択一式）	冷凍のための高圧ガスの製造に必要な通常の応用化学及び機械工学（記述式）
	第二種冷凍機械責任者	同　　上	冷凍のための高圧ガスの製造に必要な通常の保安管理の技術（択一式）	冷凍のための高圧ガスの製造に必要な基礎的な応用化学及び機械工学（択一式）
	第三種冷凍機械責任者	同　　上	冷凍のための高圧ガスの製造に必要な初歩的な保安管理の技術（択一式）	

第 2 表

試験の種類	免除科目	免除の条件	証明書類
第一種冷凍機械	保安管理技術	昭和 41 年 9 月 30 日以前の製造第六講習を修了した者	該当する講習修了証の写
	保安管理技術＋学識	[次のいずれかに該当する者] ・昭和 41 年 10 月 1 日～昭和 51 年 2 月 21 日の製造第六講習を修了した者 ・昭和 51 年 2 月 22 日～平成 7 年 3 月 31 日の製造第七講習を修了した者 ・第一種冷凍機械講習を修了した者	該当する講習修了証の写
第二種冷凍機械	保安管理技術	昭和 41 年 9 月 30 日以前の協会の製造第七講習課程を修了した者	該当する講習修了証の写
	保安管理技術＋学識	[次のいずれかに該当する者] ・昭和 41 年 10 月 1 日～昭和 51 年 2 月 21 日の製造第七講習を修了した者 ・昭和 51 年 2 月 22 日～平成 7 年 3 月 31 日の製造第八講習を修了した者 ・第二種冷凍機械講習を修了した者	該当する講習修了証の写
第三種冷凍機械	保安管理技術	[次のいずれかに該当する者] ・昭和 51 年 2 月 21 日以前の製造第八講習を修了した者 ・昭和 51 年 2 月 22 日～平成 7 年 3 月 31 日の製造第九講習を修了した者 ・第三種冷凍機械講習を修了した者	該当する講習修了証の写

6. 受験申込み手続き

(1) 受験申込みに必要なもの

イ．受験願書（受験案内に折り込みされているもの）

ロ．写真（申請前 6 か月以内に脱帽，正面，上半身を撮影した縦 4.5cm，横 3.5cm のものでポラロイド写真以外のもの）

ハ．受験手数料（平成 23 年度の例）

　第一種冷凍機械責任者免状に係る製造保安責任者試験

　　13,000 円（インターネット受付；12,400 円）

　第二種冷凍機械責任者免状に係る製造保安責任者試験

　　9,000 円（インターネット受付；8,500 円）

第三種冷凍機械責任者免状に係る製造保安責任者試験

8,400円（インターネット受付；7,900円）

ニ．試験科目の免除を申請する者

試験科目の免除を受ける資格を証する書面

(2) 試験願書の配布・受付期間

受験願書等は7月初旬より高圧ガス保安協会等で配布され，願書の受付期間は，毎年8月下旬～9月上旬となっています．

7．試験結果の発表

第3種冷凍機械責任者試験合格者の発表は，翌年の1月初旬に行われています．

8．出題形式など

出題形式は，5肢択一式です．つまり，五つの設問の中で正解を一つ選び**マークシート**の番号を塗りつぶすマークシート方式です．5肢択一式といっても冷凍機械責任者の場合は，他の国家試験の出題方式とは多少異なりますので，注意が必要です．

例えば，電気工事士試験やボイラー技士試験など，多くの国家試験の択一式の出題は，次のような出題となっています．

［例題1］次の文の中で誤っているものは，どれか．

イ．日本の首都は，東京である．

ロ．アメリカの首都は，ニューヨークである．

ハ．イギリスの首都は，ロンドンである．

ニ．中国の首都は，北京である．

ホ．フランスの首都は，パリである．

この場合，イ：○，ロ：×，ハ：○，ニ：○，ホ：○ですから，この問題の正解は，"ロ"となるように，解答欄にマークします．このような単純な出題方式となっています．

一方,冷凍機械責任者試験の場合の5肢択一式の出題は,多少複雑で次のような出題となっています.

[例題2] 次のイ,ロ,ハ,ニの記述のうち,正しいものはどれか.
イ.日本の首都は,大阪である.
ロ.アメリカの首都は,ワシントンである.
ハ.イギリスの首都は,ロンドンである.
ニ.中国の首都は,上海である.
　　(1) イ　　(2) ロ　　(3) イ,ロ　　(4) ロ,ハ　　(5) ハ

この場合は,まずイ〜ニの記述のうち,どれが正しいのかを考えてから,次に(1)〜(5)のうち正しい組み合わせを選択しなければなりません.

これより,まず,イ:×,ロ:○,ハ:○,ニ:×と解いてから,正しい組み合わせは,"ロ,ハ"となるので,4が正解となり,解答欄の4をマークします.つまり,例題1のように単純に一つだけ選ぶよりも,その組み合わせを考えないといけないため,多少複雑だということがお分かりいただけると思います.冷凍機械責任者試験の場合は,基本的には,このような5肢択一式の出題がされるため,受験者の方は,慣れておく必要があります.

9. 合格基準など

合格基準は,法令,保安管理技術の両科目について,各科目とも正答率が60パーセント以上です.つまり,法令では20問中12問,保安管理技術では,15問中9問以上正解で合格です.逆に言うと,仮に法令が,20問中20問の全問を正解しても,保安管理技術で15問中8問の正解では不合格となります.両科目とも60パーセント以上とらないと合格にはなりません.

合格率は,その年度によっても多少異なりますが,ほぼ40パーセン

ト前後となっているようです．

　皆さんの中で，この数値を聞いて2.5人に1人しか合格しないのかと気後れしないで下さい．なぜなら，この合格率は，欠席した方や途中退室した方も含んだ数値であって，ちゃんと勉強した方の合格率は，80％以上あるはずです．ちゃんと勉強した方というのは，本書などテキストをよく読んで勉強された方のことです．ですから，そう心配なさらずとも本書を十分やって基本をしっかり身につければ，安心して合格できます．

　さて，私の知っている範囲では受験者の大半は，**模範解答集**（過去問題集）だけをやる人が圧倒的に多いのが現状です．しかし，毎年試験問題がまるっきり同じ問題が出題されればそれでもよいのですが，実際は7割程度が過去の類似問題で，3割ほどは毎年新しく出題される問題となっております．このため，模範解答集だけをやった受験者は，新規の問題が出題されると，基本事項の理解が浅くほとんど正解できないため，過去の類題で80パーセント程度の正解率を取っても，どうしても合格ラインぎりぎりか，不合格になってしまいます．

　確実に3冷に合格するためには，本書を熟読し基本をマスタしてから，模範解答集や実力アップ問題集を勉強する方法がベストでしょう．問題集をやって，わからない用語や疑問がでてきた場合は，本書をもう一度読み直してもらえれば，たぶん理解できると思います．また，最終目標が3冷ではなく，もっと上位の2冷あるいは1冷を目指している方は，基本事項を確実に理解していないとその後つまずく原因となると思います．運で3冷に合格をするのではなく，本書を十分活用され，実力をつけて合格し，次のステップに進んで下さい．

第1編
保安管理技術

第1章　冷凍のしくみ
第2章　冷媒と潤滑油
第3章　圧縮機
第4章　凝縮器
第5章　蒸発器
第6章　附属機器
第7章　自動制御機器
第8章　安全装置
第9章　配管
第10章　強度
第11章　圧力試験
第12章　運転の状態
第13章　保守管理

1.1 冷凍機とは

　冷凍機（冷凍装置）とは何でしょうか？言葉のイメージからすると"物を冷やしたり，凍らせたりする機械じゃないかな."と思われるのではないでしょうか．そのとおりです．物の温度を常温よりも低く，かつある一定の低温度に保つことを**冷凍**といい，そのための機械が冷凍機です．では，そのような冷凍機の中で，皆さんの身近にある物で最初に思いつくものは，何でしょうか？そう，冷蔵庫やエアコンではないでしょうか．まず，このような冷凍機の**冷凍の原理**について理解しましょう．

　何もしなければ，水は，高い所から低い所へ流れるように，熱も高い温度から低い温度に移動します．もし，水を低い位置から高い位置に移動させようと思えば，当然ポンプのような機械が必要だということはお分かりいただけますね．熱も全く同様で，低温から高温へと熱を汲み上げるための**ポンプ**の役目を果たす機械が必要で，その機械が冷凍機なのです．また，このとき，熱を汲み上げるためにその仲立ちをするも

のが**冷媒**(れいばい)と呼ばれるものです．

　夏に水を庭にまくと，しばらくは涼しく感じられることがあります．これは，まかれた水（液体）が蒸発し，水蒸気（気体）へと状態変化を起こし，このとき庭の表面から水が蒸発しながら熱（**蒸発潜熱**(じょうはつせんねつ)）を奪っていくからなのです．冷凍機では，蒸発しやすいアンモニアやフルオロカーボンを媒体として用い，対象にしている物からこの熱を奪い冷却するわけです．このときの媒体が冷媒なのです．

図1-1　庭に水をまくと…

1.2　熱の移動（伝熱）

　熱は温度の高い所から低い所に移動します．この現象を**熱の移動（伝熱）**といいます．この伝熱の作用には，**熱伝導**，**熱伝達**，**熱放射（熱ふく射）**の三つがあります．この三つは，単独に起こることもありますが，冷凍機など一般にはこのうちの二つあるいは，三つが組み合わさって起こります．

<熱伝導>

熱伝導とは，全く動かない物質（固体など）が，その物質の中を熱が伝わる伝熱作用のことです．例えば，金属のスプーンを持ち，スプーンの先端をライターで熱すると，徐々に熱く感じられると思います．このときのスプーンの熱の伝わりかたが，熱伝導です．熱の**流れやすさ**を表すのに**熱伝導率**〔W/(m·K)〕が使われます．ここで，単位についてお話します．熱量の単位は，J（ジュール）です．熱流量の単位は W（ワット）で，1〔W〕=1〔J/s〕であり，K（ケルビン）は**絶対温度**の単位です．温度差を表す場合には℃と同じ意味ですが，0〔K〕= −273.15〔℃〕ですから，100〔℃〕= 100+273.15〔K〕となります．

さて，熱伝導率は金属類では大きく，鉄鋼は40，銅は370〔W/(m·K)〕で熱の良導体です．一方，空気は0.023，水は0.59，配管に付着する水あかは0.93〔W/(m·K)〕で熱伝導率は小さく，熱の不良導体といいます．また，**熱伝導抵抗**とは，熱伝導率の逆数つまり，

$$熱伝導抵抗 = \frac{1}{熱伝導率}$$

と示され，**熱の流れにくさ**を表します．

<熱伝達>

熱伝達とは，運動している液体または気体から固体表面へ，あるいは逆に固体表面から液体または気体に熱が伝わる伝熱作用のことで，**対流熱伝達**とも呼ばれます．熱伝達の良否は**熱伝達率**〔W/(m²·K)〕が使われ，流体の種類，固体の表面状態，温度などで変わります．また，単位のm²ですが，表面の面積〔m²〕に関係があると覚えてください．なお，前述の熱伝導率は，固体の厚さ〔m〕に関係があります．

図1-2を見てください．水の入った固体の容器を下から，ガスで加熱している伝熱の様子を描いてあります．このとき，高温の気体である燃焼ガスに触れている固体壁の表面に熱が伝わります（熱伝達）．固体壁内では，熱伝導で水のある側に熱が伝わり，この水のある固体壁表面から水に熱が伝わります（熱伝達）．このように，固体を通して高温流体（液体や気体）から低温流体へ熱の移動が行われる現象を**熱通過**（熱貫流）と呼び，その良否を**熱通過率**または，熱貫流率（**K値**）〔W/(m²·K)〕で表します．

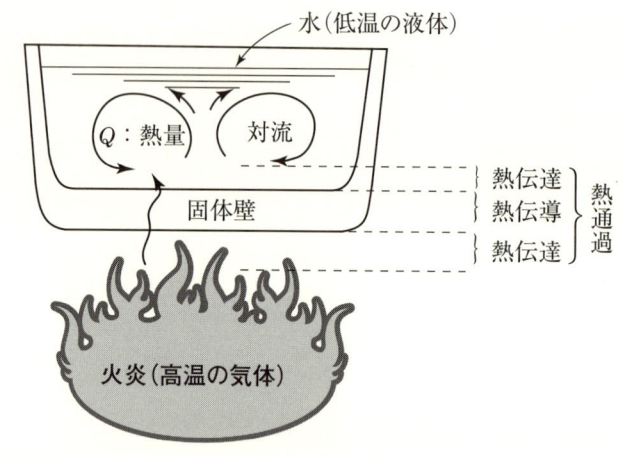

図1-2　熱通過(熱貫流)

＜熱放射（熱ふく射）＞

　熱放射とは，ある高温の物体から空間を隔てて，離れている低温の物体に熱放射線によって直接熱が移動する伝熱形態で，その伝熱量は両物体の**絶対温度**〔K〕**の4乗の差**に比例します．このため，両物体の温度差が大きい場合無視できませんが，通常の冷凍装置の伝熱では，それほど大きな温度差ではないため，前述の熱伝導と熱伝達の二つが伝熱作用に影響します．

また，熱放射は，中間の物質には無関係となります．

これを暗記

❶ 熱の移動の形態には，熱伝導・熱伝達・熱放射（熱ふく射）の三つがある．

❷ 熱伝導，熱伝達など複合された熱の移動を熱通過（熱貫流）という．

練習問題にチャレンジ

【問題1】 次のイ，ロ，ハ，ニの記述のうち，熱の移動について正しいものはどれか．

イ．熱伝導とは，固体内を高温端から低温端に向かって熱が移動する現象である．

ロ．熱伝導抵抗は，熱が固体内を流れるときの流れやすさを表す．

ハ．固体壁の表面と，それに接して流れる流体との伝熱作用を対流熱伝達という．

ニ．フルオロカーボン冷凍装置の熱交換器の伝熱管に銅管を用いているのは，銅の熱伝導率が小さく，熱が流れやすいためである．

(1) イ，ロ　　(2) イ，ハ　　(3) ロ，ハ
(4) イ，ロ，ハ　(5) ロ，ハ，ニ

解答と解説

イ．熱伝導とは，金属などの固体内を高温端から低温端に向

かって熱が移動する現象です．【イ：○】
ロ．熱伝導抵抗は，熱が固体内を流れるときの流れにくさを表します．流れやすさは，熱伝導率です．【ロ：×】
ハ．熱伝達は，対流熱伝達とも呼ばれます．【ハ：○】
ニ．冷凍装置の熱交換器の伝熱管に銅管を用いているのは，銅の熱伝導率が**大きく**，熱が流れやすいためです．【ニ：×】
これより，正しいものは，イとハ．

正解：(2)

【問題2】 次のイ，ロ，ハ，ニの記述のうち，正しいものはどれか．
イ．熱の移動には，熱伝導，熱伝達，熱通過の3種がある．
ロ．熱伝導率の値が小さい材料は，防熱材料として使用される．
ハ．熱伝達率と熱通過率の単位は，ともに W/($m^2 \cdot$K) である．
ニ．熱伝達とは，物体内を高温端から低温場に向かって，熱が移動する現象をいう．

(1) ロ　　　　(2) イ，ロ　　　　(3) ロ，ハ
(4) イ，ロ，ハ　　(5) ロ，ハ，ニ

解答と解説

イ．熱の移動には，熱伝導，熱伝達，**熱放射（熱ふく射）** の3種がある．熱通過は，熱伝導と熱伝達の組み合わせです．【イ：×】
ロ．そのとおりです．【ロ：○】
ハ．そのとおりです．熱伝達率と熱通過率の意味は異なりますが，単位は同じです．【ハ：○】
ニ．この記述は熱伝導で，熱伝達ではありません．【ニ：×】
これより，正しいものは，ロとハ．

正解：(3)

練習問題は，どうでしたか．問題の形式は，前に述べましたがこんな感じで出題されます．練習問題を解いて慣れておいて下さい．さて，2問とも正解された方は，次に進んで下さい．残念ながら，間違えた方は，そんなに落ち込まなくても問題ありません．もう一度，前に戻って間違えた箇所を読み直してもらえれば結構です．

ここでちょっと一休みしましょう

このコーナーは，私の受験経験をもとに，良かった事，悪かった事などをお話ししたいと思います．くだらない内容もあるかもしれませんが，そんなときは読み飛ばしてもらえれば結構です．皆さんに少しでも，お役に立ってもらえればと思います．

さて，読者の皆さんはどんな資格をお持ちでしょうか．ボイラー技士や電気工事士などの国家資格．英検や漢字検定，情報処理技術者などの資格などもありますね．また，柔道や剣道あるいは"ヒカルの碁"でおなじみの囲碁や将棋にも段や級があります．たぶん本書の読者の皆さんは，高校生から大学生，社会人の方ですので，何か一つくらいはお持ちだと思います．そうそう大事なことを忘れていました．車やバイクの免許もれっきとした国家資格ですからね．

囲碁の世界を例にとると，段の数が増えると上位つまり4段よりも9段が上となります．逆に級の場合は，小さい数のほうが上位つまり，4級より1級が上となります．段のあるなしに関わらず，級や種はこのようになっているのが普通で

すね．

　では，皆さんが目指す冷凍機械責任者あるいはボイラー技士などの国家資格ではどうでしょうか．一般に段はなく，種や級のみあり，3種より2種，2種より1種のほうが，上位に位置付けられます．つまり，種や級の場合は，数字が小さいほうが上位なのです．

　さて，私が気になっているのは，車やバイクの自動車運転免許です．乗用車に乗るには第1種普通免許が必要で，大型トラックに乗るには第1種大型免許が必要です．しかし，営業車であるタクシーやバスに乗るには第2種普通免許や第2種大型免許いわゆる2種免が必要となります．これは，2種の方が，1種より上位であることを意味しています．

　私の知る限り，国家資格に限らず数字が大きくなって上位になる資格等は種や級で聞いたことがありません．車の免許と，酸素欠乏危険作業主任者だけが，なぜか数字の大きい2種の方が，1種より上なのです．どうして，こうなったか機会があれば調べてみようと考えていますが，不思議なことだと私は思っています．

　話は変わりますが，危険物取扱者や消防設備士では，甲種の方が，乙種や丙種よりも上位となっています．順序はいいとして，今どき，甲，乙，丙など使うというのは，ちょっと…．

　くだらない話しをしてすみませんでした．しかし，通知簿や偏差値は，数字が大きいほうがうれしいですね．

1.3　顕熱と潜熱

熱には2種類あり，一つは皆さんがよく知っている顕熱です．もう一つが，1.1節に出てきた潜熱です．

<顕熱>

物体を加熱すると，その物体の温度が上昇し，内部に熱が蓄えられます．このように物質の**温度変化のみに費やされる**熱を**顕熱**または感熱といいます．顕熱は，温度計などで測定した温度変化に，質量 m と比熱 c をかけて求めることができます．

比熱とは，質量1kgの物（物質）を温度1℃（1K）上げるのに必要な熱量で，水の場合，約4.18〔kJ/(kg·K)〕です．多くの物質では，4.18より小さいので覚えておいて下さい．

例えば，温度 t_1=20〔℃〕の油 m=5〔kg〕を t_2=40〔℃〕まで上昇させるために必要な熱量 Q〔kJ〕は，油の比熱を c = 2.1〔kJ/(kg·K)〕とすると，

$$Q = m \cdot c \cdot (t_2 - t_1) = 5 \times 2.1 \times (40 - 20) = 210 〔kJ〕$$

となります．このような熱量を顕熱と呼びます．

なお，1〔kJ〕（キロジュール）= 1000〔J〕（ジュール）です．

<潜熱>

潜熱は，固体から液体，液体から気体，あるいはこの逆のように，物質に熱を加える（加熱）したり，冷却する（放熱）したりしても，その物質の温度は変化しないで，その**状態だけが変化する熱量**のことをいいます．例えば，水を考えると，0℃の氷（固体）1kgを加熱して0℃の水（液体）に状態変化させるには，333.6kJの熱量が必要です．同じように，100℃の水1kgを100℃の水蒸気（気体）にするには，2257kJの熱量が必要となります．

例えば，100℃の水蒸気（飽和水蒸気）$m=5$〔kg〕を冷却し，100℃の水（飽和水）を得るために必要な放熱量 Q〔kJ〕は，

$$Q = 2257m = 2257 \times 5 = 11285 \text{〔kJ〕}$$

となります．このように，加熱も放熱も同じ熱量が必要となります．

ここで，潜熱についてまとめます．

固体→液体：融解熱，　液体→固体：凝固熱

液体→気体：蒸発熱，　気体→液体：凝縮熱

ここが重要！ また，顕熱と潜熱の和を**全熱量**〔kJ〕といい，1kgの全熱量を kJ に換算したものを**比エンタルピー**〔kJ/kg〕といいます．

以上より，次のようになります．図1-3を見て下さい．いま，標準気圧（大気圧）下で−30℃の氷 1kg を加熱します（①）．時間が経つにつれ温度が 0℃（融点）まで上昇します（②）．これは，顕熱です．さらに時間が経過すると，温度は 0℃のまま一定で，状態だけが氷から水に変化します（③）．これは潜熱で，固体から液体なので融解熱です．この液体の状態で加熱を続けると温度が 100℃（沸点）まで上昇します（④）．これは，顕熱．さらに加熱を続けると温度は 100℃のまま一定で，状態が水から水蒸気に変化します（⑤）．これは潜熱で，液体から気体なので蒸発熱です．最後は，水蒸気の状態で温度が上昇します（⑥）．これは，顕熱です．（大気圧においては，加熱を続けても温度は 100℃以上にはなりませんが（⑦），密閉状態では圧力が上昇して温度が上昇します．これが，ボイラにより蒸気を発生させる原理です．）

加熱の場合を示しましたが，水蒸気の状態（⑥）から冷却すると，今とは逆で⑥→⑤→④→③→②→①の順となります．また，蒸発熱が凝縮熱，融解熱が凝固熱と対応します．

なお，④の状態を飽和水，⑤を飽和水蒸気，⑥を過熱水蒸気（圧力が高くなる）と呼びます．

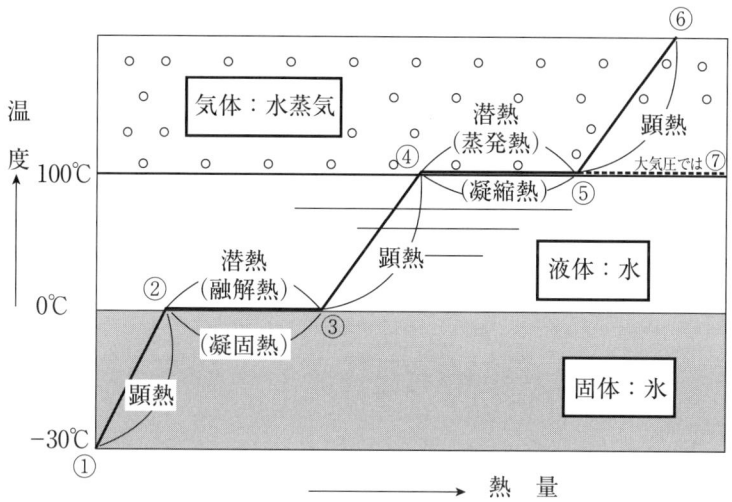

図1-3　顕熱と潜熱

これを暗記

❶ 熱には，顕熱と潜熱の二つがある．

❷ 顕熱と潜熱の和を全熱量という．

1.4　冷凍の原理

　物体を冷却するには，対象物体から熱を奪えばよく，冷凍機などにおいて熱を移動させる熱媒体として冷媒を使うことは，お分かりいただけたと思います．このとき冷媒の潜熱を使います．その中でも液体→気体の蒸発潜熱を用います．なぜかといいますと，冷媒（水だと考えて下さい）が固体（氷）だと動かせませんので，熱を運ぶことができないためです．

液体（水）だと動かせますし，対象物体から熱（蒸発潜熱）を奪い気体（水蒸気）になれます．ここで，この状態の冷媒（気体状態）を大気中に放出すると，不経済であり，かつ，一部の冷媒においては成層圏のオゾンを破壊すること，あるいはふっ素系冷媒の地球温暖化係数が大きくなることから，次のような状態変化をさせ，冷媒を循環使用します．

　　　液体→断熱膨張→液体の蒸発→気体→圧縮→気体の凝縮
　　　　→液体

　さて，冷媒ガス（気体）の特徴としては，加圧すると高温になりますが，それを冷却すれば，冷媒は凝縮液化（液体）する性質があります．

　冷媒は，冷凍装置を循環します．冷媒ガスが**圧縮機**(あっしゅくき)により圧縮され，高温・高圧のガスとなり，**凝縮器**(ぎょうしゅくき)で冷却され，凝縮液化され冷媒液となります．この冷媒液が**膨張弁**で絞り膨張（低い圧力にする）され，**蒸発器**(じょうはつき)で蒸発されると，冷媒液は蒸発潜熱を周囲の物質の熱を奪って冷却します．蒸発器内で，冷媒液から冷媒ガスとなり，最初に戻り冷媒ガスが圧縮機により圧縮されます．このようにすれば，連続して冷却作用を行うことができます．

ここが重要！ 　ここで冷媒に注目すると，冷凍装置の中で冷媒は，**蒸発→圧縮→凝縮→膨張**の四つの状態変化を繰り返しています．この蒸発作用のとき熱を吸収して，対象物体を冷却するのです．この一連のサイクルを**冷凍サイクル**と呼びます．

　図1-4にこのような冷凍機（蒸気圧縮式冷凍装置）の概略図を示します．この図の冷媒の流れをよく見て，今述べたことを確認しておいて下さい．

　また，図1-4には，熱の出入りも合わせて示してあります．ここで，圧縮機の動力（圧縮仕事）を P〔kW〕とすると，1〔kW〕

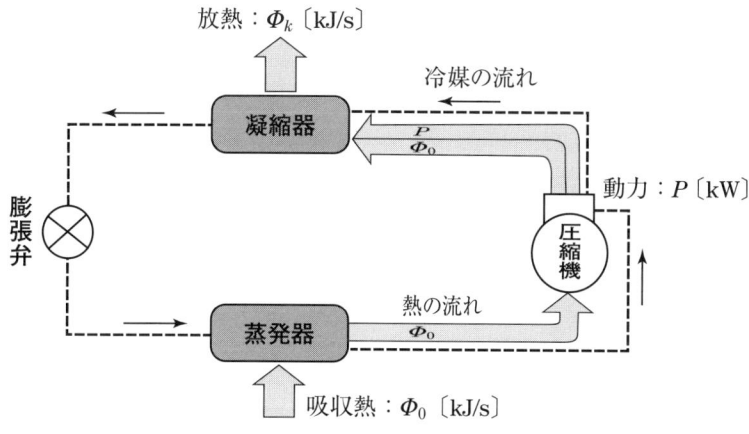

図1-4　蒸気圧縮式冷凍装置の熱の移動

=1〔kJ/s〕より，P〔kJ/s〕となり，蒸発器で冷媒が周囲から奪う熱流量（冷凍能力）を Φ_0〔kJ/s〕，凝縮器で冷媒が周囲に放熱する熱流量（凝縮熱量）を Φ_k〔kJ/s〕とすれば，

$\Phi_k = \Phi_0 + P$ 〔kJ/s〕,〔kW〕

凝縮熱量＝冷凍能力＋圧縮仕事

となります．これより，熱の需給バランスつまり，取得した熱量と放出した熱量が等しいことが分かると思います．前にも述べましたが，**冷凍機**は冷たい熱を生み出すものではなく，あくまで冷媒を介して**熱を移動**させるだけのものなのです．

ところで，市販されている家庭用エアコンも，このような原理で冷房を行っています．室内機（部屋の中）には，蒸発器があり，室外機（部屋の外）に圧縮機・凝縮器があります．部屋の熱を冷媒が取得し，室外機でその熱と圧縮時の熱を外に放熱するのです．

家庭用エアコンは，暖房もできますね．暖房はどうしているのでしょうか．冷媒を逆向きに動かしてもダメですよ．ここでピンときた方は，とても鋭い人です．冷房時，外に熱を

放熱していましたね．この熱を暖房に利用するのです．つまり，室内機を凝縮器，室外機を蒸発器として，冷房時とは蒸発器と凝縮器を反対にすればよいのです．実際は，この動作は四方弁を用いて行っています．このように，凝縮熱を暖房や加熱に使用する冷凍装置を**ヒートポンプ**と呼びます．

　前述の式をもう一度見て下さい．凝縮器の熱流量をΦ_k〔kJ/s〕，蒸発器の熱流量をΦ_0〔kJ/s〕，機械動力をP〔kJ/s〕とすると，Φ_kはΦ_0よりPだけ必ず大きくなっています．このことは，ヒートポンプの暖房時においては，外気より所得した熱流量Φ_0より，室内を加熱する熱流量Φ_kのほうが大きく，エネルギーの有効活用を行っていることが分かります．ただ，高温を得ることは困難です．

これを暗記

❶ 冷媒は，蒸発→圧縮→凝縮→膨張の四つの状態変化を繰り返す．

❷ 凝縮熱量 ＝ 冷凍能力 ＋ 圧縮仕事

1.5　*p-h*線図と冷凍サイクル

　3冷を取得するため皆さんは，勉強をしていると思いますが，この中で一番重要で，しかもどうしても覚えなければならない項目が，この*p-h*線図となります．しかし，逆に言えばこの線図を理解すれば，冷凍装置の半分は理解できたのと同じです．初めての方は，ちょっととっつきにくいかもしれませんが，ゆっくり時間をかけてマスタして下さい．まず，*p-h*線図の概略を説明してから，冷凍サイクルとの関係を覚

えてもらいます．

ここが重要！ 　さて，p-h 線図とは，冷凍機内の冷媒の各状態を表したものです．縦軸には，冷媒の**絶対圧力** p〔MPa・abs〕（MPa；メガパスカル．abs が付くと絶対圧力を示す），横軸には比エンタルピー h〔kJ/kg〕を取り，対応する冷媒の温度，比体積（比容積），乾き度などの状態線を描いたものです．

ここで，絶対圧力 p と，比エンタルピー h について簡単に説明します．圧力とは，単位面積〔m^2〕当たりの力〔N〕（ニュートン）のことで，単位は〔N/m^2 = Pa〕（パスカル）となります．つまり，同じ面積では，力の大きさが大きければ圧力も高くなります．普通，ブルドン管を用いて圧力を測定しますが，この圧力は，ゲージ圧力〔MPa・g〕となります．絶対圧力は，ゲージ圧力に大気圧（0.101MPa）を足したものとなります．1〔MPa〕（メガパスカル）は，$1×10^6$〔Pa〕つまり，1 000 000〔Pa〕のことです．なお，

　　1〔kgf/cm^2〕= 0.098〔MPa〕≒ 0.1〔MPa〕

です．

　　例えば，ゲージ圧力が 0.2〔MPa・g〕のときの絶対圧力は，
　　0.2 + 0.101 = 0.301 ≒ 0.3〔MPa・abs〕

となります．

気体や液体の状態にある流体が，保有するエネルギーをエンタルピー〔kJ〕といい，単位質量〔kg〕当たりの値を比エンタルピー〔kJ/kg〕と呼びます．このため，比エンタルピー h に冷媒の質量〔kg〕をかけると熱量 $Φ$〔kJ〕になります．

さて，図 1-5 に示す p-h 線図を見て下さい．図中の K-A が**飽和液線**と呼ばれ，この線上では，すべて飽和液（液体の限界）となっています．実際の p-h 線図では，この線上に飽和温度を記入してあります．

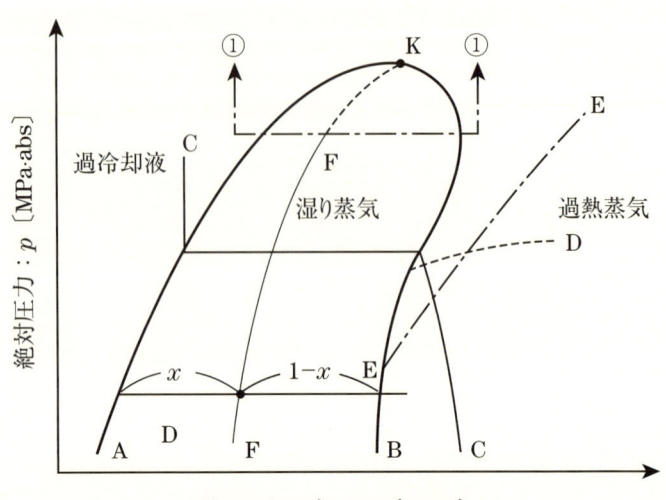

図 1-5 p-h 線図の構成

　K-B が**乾き飽和蒸気線**であり，この線上では，すべて乾き飽和蒸気（気体の限界）となっています．K 点は，臨界点と呼ばれています．この飽和液線と乾き飽和蒸気線を境に左から，過冷却液，湿り蒸気，過熱蒸気の三つの領域に分けられます．冷凍装置では，この K 点以下で使用するため，図中の①－①線よりも上部を省略して描いてあったりします．

　図中の C-C の折れ線は，温度一定の**等温線**です．過冷却液域ではこの等温線はほぼ垂直になります．また，湿り蒸気域では，水平つまり圧力一定の等圧線と平行になります．過熱蒸気域では，右下がりの曲線となっています．

　図中の D-D の曲線は，**等比体積線**（等比容積線）であり，低圧になると比体積〔m^3/kg〕は大きくなります．

　図中の E-E の曲線は，冷媒蒸気の**等エントロピー線**（等断熱圧縮線）です．圧縮機で圧縮過程では，この線に沿って状態変化します．なお，このエントロピーと h：比エンタル

ピーは，言葉はよく似ていますが，全く違う意味ですからご注意を．

図中のF-Fの曲線は，**等乾き度線**です．飽和液線上では乾き度0，また乾き飽和蒸気線では乾き度1です．乾き度をxとすると，湿り度は$(1-x)$と表せます．この乾き度は，湿り蒸気域中の乾き飽和蒸気と飽和液との割合を表しています．つまり，乾き度を0.4とすれば，

乾き飽和蒸気：飽和液 $=0.4:0.6$

の湿り蒸気を意味しています．

このようにp-h線図上で冷媒の状態点を定めると，圧力p，比エンタルピーhはじめ種々の状態量が分かります．また，実際の冷媒のp-h線図では，縦軸p：絶対圧力は対数目盛で，横軸h：比エンタルピーは等間隔目盛で，目盛ってあります．

・冷凍サイクル

冷凍サイクルとは，1.4節の冷凍の原理で説明した蒸気圧縮式冷凍方式の冷媒が，蒸発→圧縮→凝縮→膨張の四つの行程を循環するサイクルをいいます．このうち，蒸発温度が-15℃，凝縮温度が30℃，膨張弁の直前温度を25℃（過冷却度5℃）の温度条件によるものを冷規第5条第4号の**基準冷凍サイクル**といいます．

さて，冷凍機の冷凍サイクルは，p-h線図上では，どのようになるのでしょう．図1-6を見て下さい．この図は，前に出てきた蒸気圧縮式冷凍機の概略図ですが，圧縮機の吸込み側（入口）に圧力計と温度計を取付け測定すると，点1の冷媒の状態が分かります．すると，点1の状態点（過熱蒸気）がp-h線図上（図1-7の点1）となります．いま，圧縮機の損失が全くない理想的な断熱圧縮だと考えます．断熱圧縮と

は，熱の出入りが全くない状態のことで，圧縮機の圧縮工程は，ほぼ断熱圧縮とみなされ，図1-5のE-E曲線（等エントロピー線）に沿って変化します．すると，以下のようにそれぞれの冷媒の状態を表すことができます．

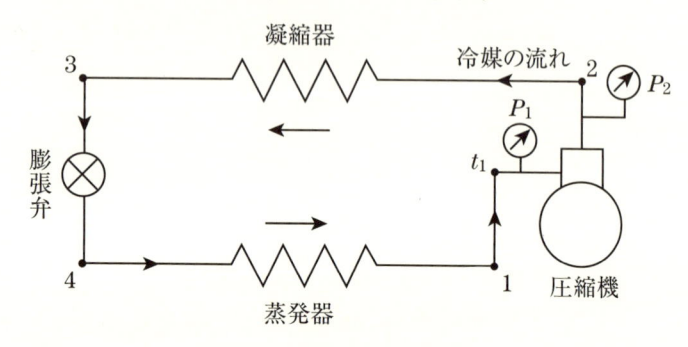

図1-6 蒸気圧縮式冷凍装置

点1・・・蒸発器を出て，圧縮機に吸入される過熱蒸気．

点2・・・圧縮機吐出口を出て，凝縮器に入る過熱蒸気．

点3・・・凝縮器で凝縮（冷却）されて，冷媒が乾き飽和蒸気→湿り蒸気→飽和液→過冷却液（点3）になった状態．

点4・・・点3の過冷却液が膨張弁を通過して圧力が低くなることにより，一部の冷媒液が蒸発して自己冷却し，湿り蒸気となり蒸発器に送られます．

膨張弁の通過時は，比エンタルピー h が一定で，このような冷媒の膨張を絞り膨張といいます．そして，この湿り蒸気が蒸発器を通過する間に，過熱蒸気へと変化し，蒸発潜熱を周囲の物体から奪い冷却します．蒸発器を出た過熱蒸気が，点1で再び圧縮機に吸い込まれます．

以上のように冷媒は，状態変化を繰り返しながら循環します．この1-2-3-4-1の変化を**理論冷凍サイクル**と呼びます．また，装置内を循環する冷媒量を冷媒循環量といい，1

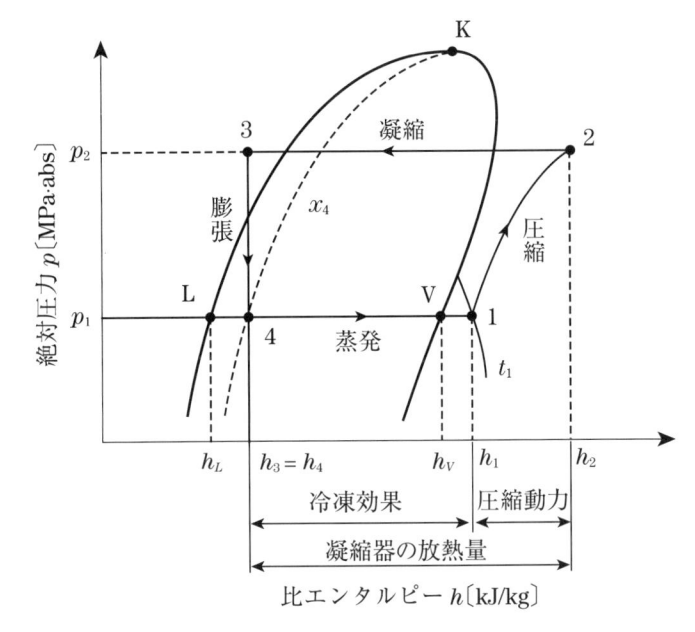

図 1-7 理論冷凍サイクルの p-h 線図

秒間当たりの量 q_{mr}〔kg/s〕で表します．

　理論冷凍サイクルに効率を考慮したものが実際の冷凍能力となります．冷媒が循環することで繰り返し高圧ガスが製造されるので，法によって「高圧ガスの製造をする設備」と定義されています．

これを暗記

❶ p-h 線図とは，縦軸に絶対圧力 p〔MPa・abs〕，横軸に比エンタルピー h〔kJ/kg〕をとった線図．

❷ 図 1-7 の 1-2-3-4-1 の変化を理論冷凍サイクルという．

練習問題にチャレンジ

【問題3】 次のイ，ロ，ハ，ニの記述のうち，冷凍の原理について正しいものはどれか．

イ．圧縮機で冷媒蒸気を圧縮しても，断熱圧縮であれば冷媒の比エンタルピーは変わらない．

ロ．膨張弁では，冷媒は比エントロピーが一定の絞り膨張により圧力降下する．

ハ．冷媒の比体積の値は，低圧になると蒸気が薄くなり，大きくなる．

ニ．蒸発器入口の冷媒は，全量が低圧，低温の飽和液である

(1) ロ　　(2) ハ　　(3) イ，ロ　　(4) ロ，ハ　　(5) ハ，ニ

解答と解説

イ．圧縮機で冷媒蒸気を圧縮すると，理想的な断熱圧縮であれ，実際のポリトロープ圧縮であれ，圧縮仕事が熱に変わって冷媒の比エンタルピーは大きくなります．（図1-7 参照）【イ：×】

ロ．膨張弁では，冷媒は**比エンタルピー**が一定の絞り膨張により圧力降下する．比エントロピーとは違います．【ロ：×】

ハ．そのとおりです．【ハ：○】

ニ．蒸発器入口の冷媒は，全量が低圧，低温の湿り蒸気になっています．【ニ：×】

これより，正しいものは，ハ．

正解：(2)

1.6　冷凍能力と冷凍効果

冷凍能力とは，冷凍装置が発揮できる冷却能力つまり，1時間当たりに蒸発器が**吸収する熱流量**〔kJ/h〕，〔kW〕または〔Rt（冷凍トン）〕が単位として用いられます．換算は，1〔h〕= 3 600〔s〕から，

$$1 \text{〔kJ/h〕} = \frac{1}{3\,600} \text{〔kJ/s〕} = \frac{1}{3\,600} \text{〔kW〕} = 0.00027 \text{〔kW〕}$$

$$1 \text{〔kW〕} = 1 \text{〔kJ/s〕} = 1 \times 3\,600 \text{〔kJ/h〕} = 3\,600 \text{〔kJ/h〕}$$

1 冷凍トン（1Rt）とは，0℃の水 1 トン（1000kg）を 1 日（24 時間）で 0℃の氷にする能力をいいます．氷の凝固熱（融解熱）は 333.6〔kJ/kg〕なので，

$$1 \text{〔Rt〕} = 333.6 \times \frac{1000}{24} \text{〔kJ/h〕} = 13\,900 \text{〔kJ/h〕}$$

$$= \frac{13\,900}{3\,600} \text{〔kJ/s〕} = 3.861 \text{〔kW〕}$$

となります．

・**動力**

冷凍装置は，運転中はその心臓部に当たる圧縮機が絶えず動き，冷媒に圧縮仕事を与え続ける必要があります．1秒間当たり供給する仕事エネルギーを動力といい，〔kW〕が単位として用いられます．なお，1〔kW〕=1〔kJ/s〕で全く同じです．

・**冷凍効果**

先に示した図 1-7 をもう一度見てください．この冷凍サイクルの蒸発器で冷媒 1kg 当たり，周囲から熱を奪う量 w_r は，$p\text{-}h$ 線図上の点 1 と点 4 の比エンタルピー差となり，

$$w_r = h_1 - h_4 \text{〔kJ/kg〕}$$

と表され，この w_r を冷凍効果といいます．

また，冷凍装置の冷媒循環量を q_{mr}〔kg/s〕とすると，装置の冷凍能力 Φ_0 は，

$$\Phi_0 = q_{mr} \cdot w_r = q_{mr}(h_1 - h_4) \text{〔kJ/s=kW〕}$$

と表すことができます。

圧縮機の冷媒 1kg 当たりの圧縮動力は，図1-7で，点1と点2の比エンタルピー差 $(h_2 - h_1)$ となります。これより，冷媒循環量を q_{mr}〔kg/s〕とすると，理論断熱圧縮動力 P_{th} は，

$$P_{th} = q_{mr}(h_2 - h_1) \text{〔kJ/s=kW〕}$$

なお，このときの点1と点2の絶対圧力の比 (p_2/p_1) を**圧力比**または，**圧縮比**と呼び，この値が大きいと，P_{th} は大きくなります。

凝縮器の冷媒 1kg 当たりの放熱量は，図1-7で，点2と点3の比エンタルピー差 $(h_2 - h_3)$ となります。これより，冷媒循環量を q_{mr}〔kg/s〕とすると，凝縮負荷 Φ_k は，

$$\Phi_k = q_{mr}(h_2 - h_3) \text{〔kJ/s=kW〕}$$

また，Φ_k は冷凍能力 Φ_0 と理論断熱圧縮動力 P_{th} の和となり，

$$\Phi_k = \Phi_0 + P_{th} \text{〔kJ/s=kW〕}$$

再度，図1-7を見てください。点4の乾き度 x_4 を求めてみましょう。絶対圧力 p_1 の線上に点L, 点4, 点V がありますね。このときの比エンタルピーは，それぞれ h_L, h_4, h_V となっています。乾き度 x は，図1-5を参照すると，長さの比となり，

$$x_4 = \frac{h_4 - h_L}{h_V - h_L}$$

また，湿り度 $(1-x)$ は，同様に，

$$1 - x_4 = \frac{h_V - h_4}{h_V - h_L}$$

と表されます。

このように，冷凍サイクルの $p\text{-}h$ 線図から冷凍能力や圧縮動力，凝縮器の放熱量および乾き度が，とても簡単に求まる

ことがお分かりいただけたでしょうか.

以上，冷凍装置とその冷凍サイクル，冷媒の各状態をまとめると図1-8のようになります．十分理解してから，次に進んでください．

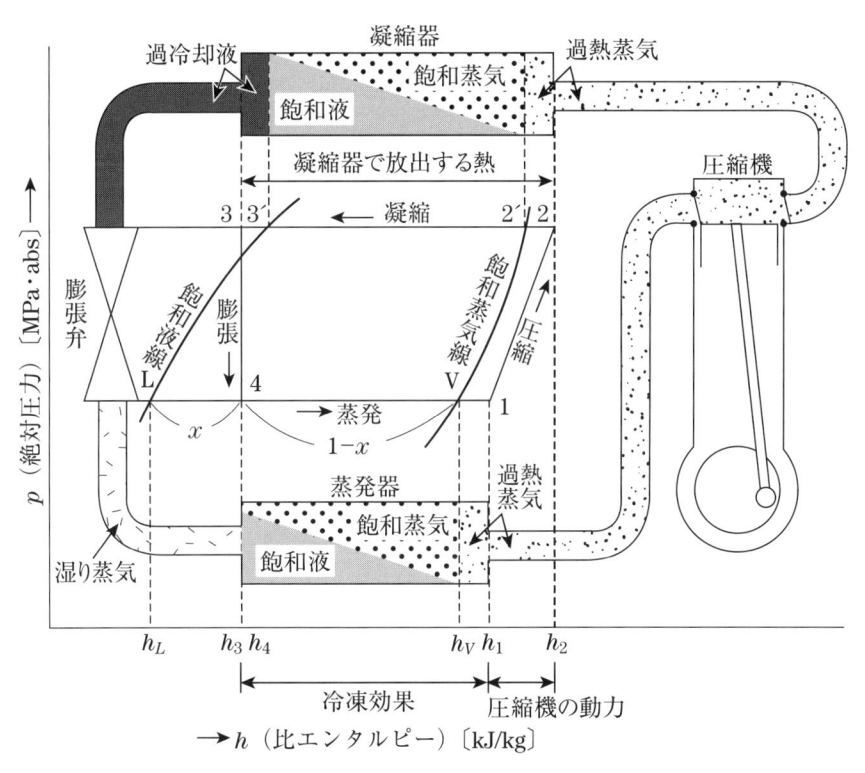

図1-8 冷凍装置と冷凍サイクル

これを暗記

❶ 冷凍能力は，蒸発器が吸収する熱流量．
単位は，〔**kJ/h**〕，〔**kW**〕，〔**Rt**〕．

❷ 冷凍効果 w_r は，(h_1-h_4)〔**kJ/kg**〕．

1.7 成績係数

> ここが重要!

同じ冷凍能力であれば，できるだけ消費動力が小さいほうが，運転経費や省エネルギーの観点より良いですね．そこで，冷凍サイクルの効率を表す尺度として**成績係数**（COP）が用いられます．

つまり，成績係数が大きいほど，効率が良く，少ない動力で大きな冷凍能力があることとなります．

・冷凍サイクルの成績係数

前節（1.6）に説明したように，冷凍能力を Φ_0，理論断熱圧縮動力を P_{th} とすると，その比が成績係数 $(COP)_R$ となります．

> ここが重要!

$$(COP)_R = \frac{\Phi_0}{P_{th}} = \frac{q_{mr}(h_1 - h_4)}{q_{mr}(h_2 - h_1)} = \frac{h_1 - h_4}{h_2 - h_1}$$

なお，$(COP)_R$ の添字 R は，冷凍サイクルを意味しています．

再び面倒ですが，図1-7の p-h 線図を見てください．これより，冷凍サイクルから，比エンタルピー h_1，h_2，h_4 が分かるため，装置の冷媒循環量 q_{mr} が分からなくても，成績係数を知ることができます．また，図1-7より，成績係数は，比エンタルピーの差（$h_1 - h_4$）と（$h_2 - h_1$）の比となり，p-h 線図上の長さの比となることが分かると思います．

・ヒートポンプサイクルの成績係数

前節（1.4）に少し出てきたヒートポンプの成績係数について考えてみます．その前に一度，おさらいしておきます．ヒートポンプは，装置自体は冷凍機を用い，同じ冷凍サイクルを利用します．しかし，冷凍装置では，蒸発器の吸収する熱を利用するのに対し，ヒートポンプは凝縮器で放熱する熱を暖房や加熱に利用しています．ゆえに，ヒートポンプサイ

クルの成績係数では，動力に対する放熱量の比を考えます．

前節（1.6）に説明したように，凝縮熱（凝縮負荷）を Φ_k，理論断熱圧縮動力を P_{th} とすると，その比が成績係数 $(COP)_H$ となります．また，冷凍能力 Φ_0 を用いると，$\Phi_k = \Phi_0 + P_{th}$ から，

ここが重要！

$$(COP)_H = \frac{\Phi_k}{P_{th}} = \frac{q_{mr}(h_2 - h_3)}{q_{mr}(h_2 - h_1)} = \frac{h_2 - h_3}{h_2 - h_1}$$

$$= \frac{\Phi_0 + P_{th}}{P_{th}} = 1 + \frac{\Phi_0}{P_{th}} = 1 + (COP)_R$$

なお，$(COP)_H$ の添字 H は，ヒートポンプサイクルを意味しています．

ここが重要！ このように，ヒートポンプサイクルの成績係数は，**1以上**となります．また，**冷凍サイクルの成績係数よりも必ず1だけ大きくなります**．

これを暗記

❶ **成績係数 (COP) は，冷凍サイクルやヒートポンプサイクルの効率を表す尺度．**

❷ $(COP)_R = \dfrac{\Phi_0}{P_{th}}$

❸ $(COP)_H = \dfrac{\Phi_k}{P_{th}} = 1 + (COP)_R$

以上で，冷凍装置や冷凍サイクル等の冷凍のしくみについての学習が終わったことになります．説明上，数式がところどころ出てきましたが，必ず覚えなくてはならないわけではありません．実際の3冷の試験では，計算問題は出ませんので数式が苦手な人も安心して学習してください．ただし，冷凍サイクル，比エンタルピーなどのたくさんの用語が出てきました．これら

の用語については，自分なりに整理して頭に入れてください．

それでは，復習のつもりで，次の練習問題をやってみてください．

練習問題にチャレンジ

【問題4】　次のイ，ロ，ハ，ニの記述のうち，冷凍の原理冷凍サイクルについて，正しいものはどれか．

イ．高圧の冷媒液が膨張弁を通過するとき，弁の絞り抵抗により圧力は下がり，温度が下がるので，冷媒の比エンタルピー値は小さくなる．

ロ．蒸発器の冷却能力を冷凍装置の冷凍能力といい，その値は凝縮負荷から圧縮機の軸動力を差し引いたものに等しい．

ハ．蒸発圧力が低下すると，成績係数は小さくなる．

ニ．ヒートポンプサイクルの理論成績係数は，同一運転条件の冷凍サイクルの成績係数より1だけ小さい．

(1)　イ，ロ　　　(2)　イ，ハ　　　(3)　イ，ニ
(4)　ロ，ハ　　　(5)　ハ，ニ

解答と解説

イ．高圧の冷媒液が膨張弁を通過するとき，弁の絞り抵抗により圧力は下がり，比エンタルピーが一定状態で変化する．これを絞り膨張と呼んでおり，冷媒の比エンタルピー値は一定のため誤りです．【イ：×】

ロ．正しい記述です．【ロ：○】

ハ．蒸発圧力が低下すると，圧縮機吸い込み蒸気の比体積が

大きくなり，同じピストン押しのけ量では冷媒循環が少なくなり冷凍能力が小さくなるため，成績係数が小さくなる．したがって，正しい．【ハ：○】

ニ．ヒートポンプサイクルの成績係数は，同一運転条件の冷凍サイクルの成績係数より **1 だけ大きく**なります．$(COP)_H = 1 + (COP)_R$ でしたね．【ニ：×】

これより，正しいものは，ロ，ハ．

正解：(4)

【問題 5】 次のイ，ロ，ハ，ニの記述のうち，冷凍の原理および冷凍サイクルについて，正しいものはどれか．

イ．蒸発器入口の冷媒の状態は湿り飽和蒸気で，飽和液と乾き飽和蒸気が共存している．

ロ．蒸気圧縮式冷凍装置の圧縮機，膨張弁などの各機器の出入口の冷媒の圧力と温度を測定すると，$p\text{-}h$ 線図上に冷凍サイクルが描けるので，冷媒循環量が分かれば冷凍能力と成績係数の値が求められる．

ハ．$p\text{-}h$ 線図上の冷凍サイクルから，圧縮機の体積効率をただちに知ることができる．

ニ．凝縮器では，冷凍負荷に圧縮機の軸動力を加えたものを周囲へ熱放出して，冷媒ガスを液化させる．

(1) イ，ロ　　(2) イ，ハ　　(3) ロ，ニ
(4) イ，ロ，ハ　　(5) イ，ロ，ニ

解答と解説

イ．凝縮器の高圧冷媒液は，膨張弁を通過して断熱膨張して蒸発器に入る．この際，比エンタルピーは変わらず，冷媒

の一部が蒸発して，この蒸発潜熱により残りの冷媒液を自己冷却し，温度を下げる．したがって，蒸発器入口では湿り蒸気となるので正しい．【イ：○】

ロ．冷凍サイクルが描けると，冷媒循環量 q_{mr} が分かれば，冷凍能力 Φ_0 は $\Phi_0=q_{mr}(h_1-h_4)$ で求められ，成績係数 $(COP)_R$ も求められるので正しい．【ロ：○】

ハ．圧縮機の体積効率は，本体の効率や圧縮比により変わり，その値はメーカのカタログなどによって分かります．このため，$p\text{-}h$ 線図上の冷凍サイクルから，圧縮機の体積効率をただちに知ることはできません．【ハ：×】

ニ．凝縮負荷は，冷凍負荷に圧縮機の軸動力を加えたもので，正しい．【ニ：○】

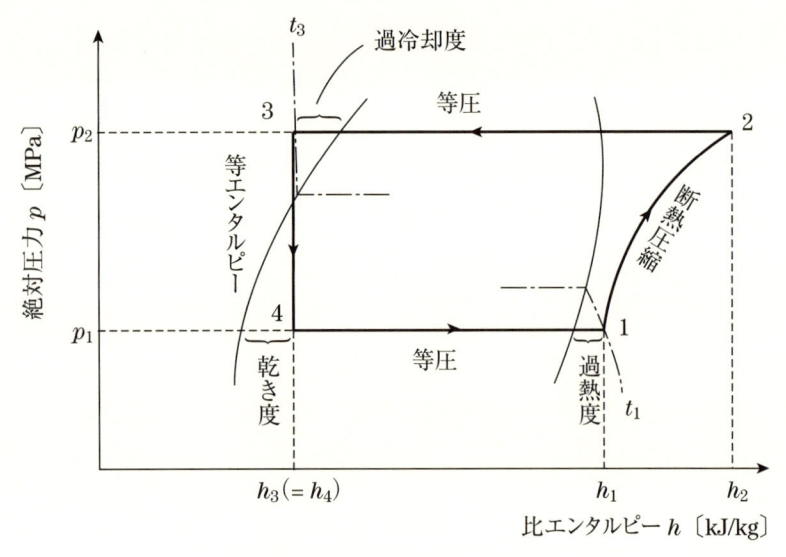

図1-9　理論冷凍サイクル

これより，正しいものは，イ，ロ，ニ．

正解：(5)

【問題6】 次のイ，ロ，ハ，ニの用語と単位の組み合わせのうち，正しいものはどれか．

イ．比エンタルピー ——— kJ/kg
ロ．圧縮動力 ——— kW
ハ．熱伝達率 ——— kW/(m・K)
ニ．成績係数 ——— kJ/s

(1) イ，ロ　　(2) イ，ハ　　(3) ロ，ハ
(4) ロ，ニ　　(5) イ，ロ，ニ

解答と解説

　用語と単位は，3冷の試験では出題されませんが，対応させながら覚えてください．

イ．比エンタルピー h は，p-h 線図の横軸で単位は，kJ/kg です．【イ：○】

ロ．圧縮動力は，圧縮機に加える動力で単位は，kW あるいは W です．【ロ：○】

ハ．熱伝達率は，1.2節伝熱のところで出てきました．単位は，kW/(m^2・K) で，伝熱面積〔m^2〕に関係があります．なお，熱伝導率の単位は，kW/(m・K) です．混同しないでください．【ハ：×】

ニ．成績係数の冷凍サイクルの効率を表します．効率ですから，単位はありません．つまり，無次元です．【ニ：×】

これより，正しいものは，イ，ロ．

正解：(1)

第1章　冷凍のしくみ

（水のくみ上げ）　　（熱のくみ上げ）

ここでちょっと一休みしましょう

　ご苦労さまでした．冷凍サイクルの基本も終わったので，あわてないでちょっと一休みしてください．

　今回は，私の受験勉強のやり方をお話します．私も数年前まで，皆さんと同じ一受験生でした．多くの受験用参考書や過去の問題集などを購入したのはいいのですが，学生のときと違い，社会人になってからの受験で時間的な余裕は，ほとんどありませんでした．仕事で疲れた後の勉強のため，1日に2，3ページ進めばよい方でした．ところが，ある程度進んで練習問題をしてみると，年とともに記憶力が低下しているため，最初のころにやったことをほとんど忘れており，ぜんぜん出来ませんでした．それで，また前に戻ってやり直す，これの繰り返しで"3歩進んで2歩さがる"の状態でした．

　このままでは，時間だけが経ち，勉強が進まず気ばかりあせります．そこで，多くの参考書やテキストの中で"これだ"と自分が判断した1冊に決め，このテキストの内容を繰り返しやって，完璧とまではいかなくても，80%はマスタしようと考えたのです．最低3回は，繰り返し学習しました．

　また，記憶力の低下防止策には，多少時間がかかりますが，ノートにキーワードと関連する用語(参考書のページ番号も)のみ記入し，ノートを常時携帯し，休憩時間やちょっとした短い時間でも広げていました．この方法は，覚えにくい単語や用語はページ数から参考書をすぐに開け，とても役立ちました．以前までの断片的な理解から関連する用語を覚えることができ理解が深まりました．また，大事な用語ほど何回も

ノートに出て来ますので，前に比べ忘れにくくなったと思います。

　皆さんは，どんな勉強法をしていますか．私は，このようにやりましたが，勉強時間も含め自分なりのやり方，スタイルを見つけることが大切だと思います．受験勉強は，長く感じ，つらいものです．早めに自分の勉強スタイルを見つけて勉強を軌道にのせ，受験日まで挫折することなく，やりぬく気持ちを維持できるかが"**かぎ**"ではないでしょうか．ご自分が，納得できるほど勉強されれば，**合格**の2文字をきっと得ることができるでしょう．

第2章 冷媒と潤滑油について学ぼう

冷媒の性質
潤滑油

2.1 冷媒の性質

　皆さん，冷媒って何でしたっけ．冷媒とは，圧縮→凝縮→膨張（ぼうちょう）→蒸発→圧縮の冷凍サイクルを繰り返し冷凍装置内を循環して，熱を蒸発器で吸収し凝縮器で放熱するための媒体でしたね．

　そのような冷媒には，以下のような特性が要求されます．

① 蒸発圧力が，ある程度高い．
② 凝縮圧力が，ある程度低い．
③ 蒸発潜熱が大きく，冷媒循環量が少ない．
④ 比体積が小さく，圧縮機のピストン押しのけ量が小さい．
⑤ 熱伝導率が大きい．
⑥ 粘性が小さく，流動しやすい．
⑦ 不燃性である．
⑧ 毒性がない．
⑨ 腐食性（特に金属と化合）がなく，安定している．
⑩ 冷媒蒸気（ガス）の漏れ検知が，簡単にできる．
⑪ 環境に悪影響を及ぼさない．

⑫ 化学的な安定性が高い．

⑬ 圧縮機の吐出しガス温度が低い（比熱比が低い）

ここが重要！ これらの条件すべてを満足する冷媒は，現実にはありません．実用されている冷媒は，**アンモニア**と**フルオロカーボン**（昔のフロンのこと）が使用されています．このフルオロカーボンのうち，単体成分である R22，R134a と，共沸混合冷媒である R407C，R410A，R404A などが，よく使用されてきました．

冷媒には，ふっ素原子を含むものと含まないものがあり，ふっ素系についてはフルオロカーボンと総称されています．このフルオロカーボンは，ふっ素（F），炭素（C），塩素（Cl），水素（H）などの**化合物**で，塩素を含み水素を含まない CFC と，塩素，水素の両方を含む HCFC はオゾン層を破壊し，塩素を含まない HFC はオゾン層を破壊せず，オゾン破壊係数 ODP はゼロとなっています．

水素を含むと大気中の寿命は短くなり，成層圏に届きにくいので，HCFC の ODP は CFC よりも小さくなっています．

CFC 冷媒（R12，R114 等）は，1995 年に製造が中止されており，HCFC 類の冷媒は，段階的に削減が進められています．

冷媒のおもな用途を表 2-1 に示します．

表 2-1 冷媒のおもな用途

冷媒名	おもな用途	冷媒の種類
アンモニア	製氷，冷凍，冷蔵，スケートリンク	HC
R22	エアコン，冷凍，冷蔵	HCFC
R134a	カーエアコン，電気冷蔵庫	HFC
R404A	ショーケース，冷凍，冷蔵	非共沸混合冷媒
R470C	パッケージエアコン，冷蔵	
R410A	ルームエアコン，エアコン	

・アンモニア冷媒の特徴

アンモニア冷媒の特徴を簡単に書きます．

① 水分

水に容易に溶け，アンモニア水となります．冷凍装置内に水分が混入しても微量なら問題はありません．多量に侵入すると，装置の性能が悪化します．

② 潤滑油

潤滑油（鉱油）には，ほとんど溶け合いません．ただし，よく溶け合う合成油もあります．油より比重が軽く，アンモニア水が上に浮きます．圧縮機の吐出しガス温度が高いため，潤滑油が変質しやすい．

③ 比重（表2-2参照）

アンモニア液の水に対する比重は，30℃の飽和液において約0.6で水よりも軽い．アンモニアガスの空気に対する比重は約0.6で空気より軽く，漏洩すると天井（上部）に滞留します．

④ 金属の腐食性

銅および銅合金に対して腐食性があります．銅管や黄銅製の部品は使用できません．このため，鋼管や鋼板を使用します．ただし，圧縮機の青銅製の軸受は，常に油で覆われた状態では使用可能です．

⑤ 毒性など

ガスは独特の臭気があり，また，可燃性で毒性もあります．

・フルオロカーボン冷媒の特徴

フルオロカーボン冷媒の特徴を簡単に書きます．

① 水分

水とは，ほとんど溶け合わない．低温のところで氷結し，

膨張弁を閉塞させる．水分が少量でもあると，フルオロカーボン冷媒が分解して酸性の物質を作り（加水分解）**金属を腐食**させます．

② 潤滑油

潤滑油には，よく溶け合います．ただし，その溶解度は異なり，R502 や R134a は少なく，R22 は中程度，R12 は多く溶解します．また，圧力が高く，温度が低い程よく溶解します．高温になると潤滑不良や電動機の巻線の絶縁を破壊します．

③ 比重（表 2-2 参照）

フルオロカーボン冷媒の比重は，液は 1 以上で水より重く，ガスは空気より重い．漏洩すると床面（下部）に滞留します．

④ 金属の腐食性

銅および銅合金に対しての腐食性はありません．ただし，2%を超えるマグネシウムを含むアルミニウム合金は，使用してはいけません．高温のとき，金属の腐食が起こることがあります．

⑤ 毒性など

アンモニアに比べ，安全性は高い．無臭，不燃性で，毒性もありません．ただし，大量にガスが漏れると，換気の悪い狭い部屋などでは**酸欠**になる可能性があります．

2.2 潤滑油

潤滑油は，圧縮機のピストンの往復運動部の摩擦や磨耗を少なくし，軸受け部の冷却に用います．冷凍機に使用する潤滑油を，**冷凍機油**と呼びます．冷凍機油は，実際には冷凍装置内を冷媒ガスとともに一部が循環します．

潤滑油には，以下のような特性が要求されます．
① 凝固点が低い．

② 適切な粘度を有する．
③ 引火点が高い．
④ 冷媒と化学反応を起こさない．
⑤ 電気絶縁性が高い．

冷媒，潤滑油の比重を表2-2に示します．

表2-2 冷媒・潤滑油の比重

冷媒名	飽和液の比重		空気に対するガスの比重	潤滑油の比重
	0℃	30℃		
アンモニア	0.639	0.595	0.58	0.92～0.96
R12	1.396	1.293	4.1	
R22	1.282	1.171	2.9	
R502	1.323	1.192	3.8	
R134a	1.294	1.187	3.5	
R404A	1.149	1.019	3.3	
R407C	1.236	1.115	2.97	
R410A	1.171	1.036	2.50	

＜ブライン＞

ブラインは，一般に凍結点が0℃以下の液体で，液体状態のままその顕熱を利用して冷却をする媒体です．もともとブラインとは，塩水のことです．

皆さんは，水は0℃で凍りますが，水に食塩を入れ食塩水（塩化ナトリウム水溶液）とすると，なかなか凍らないことをご存知ですか．食塩水の濃度により異なりますが，最低－21℃（**共晶点**）まで凍りません．つまり，この食塩水を利用して，製氷や食品の凍結，冷凍に利用するのです．

ブラインの特徴としては，比熱が大きく，熱伝導性が高く，凍結温度が低く，腐食性が低いことがあげられます．

実際のブラインとしては，無機ブラインの塩化ナトリウム水溶液や塩化カルシウム水溶液，有機ブラインのプロピレン

グリコール，エチレングリコールなどが利用されています．

> **これを暗記**
>
> ❶ 冷媒は，アンモニアとフルオロカーボンがあり，特性が大きく異なる．
>
> ❷ 各冷媒，潤滑油（冷凍機油），ブラインのそれぞれの特徴を覚えよう．

冷媒のフルオロちゃん

水はきらい
温度が高いと悪者に変身。
私はつめたい油が大好きよ。体重は、案外重いのよ。
あつくて入れない ワ！
つめたくて溶けちゃいそう♥

つめたーい油
あつーい油
クランクケースヒータ

練習問題にチャレンジ

【問題1】 次のイ，ロ，ハ，ニの記述のうち，正しいものはどれか．

イ．潤滑油中に溶け込んだ冷媒は，急激に圧力を低下させると蒸発し，温度が上昇する．

ロ．フルオロカーボン及びアンモニアは水分を溶かさないので，冷凍サイクル中に水分が入ると，膨張弁のつまりの原因となる．

ハ．フルオロカーボンは潤滑油をよく溶かし，冷凍サイクル中を循環するので，冷媒中に油分が多くても伝熱作用には影響がない．

ニ．沸点の高い冷媒ほど同一温度における飽和圧力は低くなるので，同一凝縮温度における凝縮圧力は低くなる．

(1) ロ　　(2) ニ　　(3) イ，ロ　　(4) イ，ニ　　(5) ハ，ニ

解答と解説

イ．潤滑油中に溶け込んだ冷媒の圧力が，圧縮機始動時等に急激に低下すると冷媒液が蒸発し，泡立ち（**オイルフォーミング**）が生じ，**温度が低下**します．【イ：×】

ロ．フルオロカーボン（R冷媒）は水分を溶かしませんが，アンモニアは逆によく水に溶けます．フルオロカーボン冷媒では，膨張弁で水分が氷結し，つまりの原因となります．【ロ：×】

ハ．フルオロカーボンは潤滑油をよく溶かしますが，冷媒中に油分が多くなると，伝熱作用は悪くなります．【ハ：×】

ニ．少し難しいですが，このとおりです．覚えてください．【ニ：○】

これより，正しいものは，ニ．

正解：(2)

【問題2】 次のイ，ロ，ハ，ニの記述のうち，冷媒，潤滑油の性質について正しいものはどれか．

イ．アンモニア冷凍装置には，銅管を使用することはできないが，黄銅製の弁は使用できる．

ロ．フルオロカーボンは温度が低いほど潤滑油に溶けにくくなる．

ハ．R22に水分が混入すると，加水分解をして酸性物質をつくるため，金属を腐食させることがある．

ニ．R134aの圧縮機吐出しガス温度は，アンモニアに比べかなり高い．

(1) ハ　　(2) イ, ロ　　(3) イ, ハ　　(4) イ, ニ　　(5) ハ, ニ

解答と解説

イ．銅および銅合金（黄銅など）に対してアンモニアは腐食性がありますので，使用できません．【イ：×】

ロ．フルオロカーボンは温度が低いほど潤滑油に**溶けやすく**なります．潤滑油へ冷媒の混入防止のため，クランクケースヒータによって，一定温度以上に保持しています．【ロ：×】

ハ．フルオロカーボン（R22など）だけでは，金属が腐食されることはありませんが，水分が混入すると，加水分解をして酸性物質をつくり，金属を腐食させます．【ハ：○】

ニ．R134aの圧縮機吐出しガス温度は，アンモニアに比べて比熱比が小さいので，**低く**なります．吐出しガス温度は，比熱比に関係します．蒸発温度−15℃，凝縮温度30℃の場合，アンモニアの比熱比は1.31で，温度は約110℃．一方，R134aの比熱比は1.119で，温度は約60℃位です．一般にフルオロカーボンは，アンモニアに比べて比熱比が小

さいので，吐出しガス温度は低くなります．【ニ：×】
これより，正しいものは，ハ．

正解：(1)

【問題3】 次のイ，ロ，ハ，ニの記述のうち，冷媒，潤滑油，ブラインについて，正しいものはどれか．

イ．フルオロカーボン冷媒は，一般に毒性が低く，多量の冷媒ガスが漏れた場合にも，酸素欠乏による致命的な事故などにならない安全性が高い冷媒であるから，換気は考慮しなくともよい．

ロ．フルオロカーボン冷媒は油とよく混じり合うので，圧縮機吐出し管に油分離器を設け，分離した油は自動返油弁により圧縮機に戻す．

ハ．フルオロカーボン冷媒に潤滑油が多く溶けていると，蒸発器での蒸発温度が低くなり，成績係数は小さくなる．

ニ．塩化ナトリウムブラインの共晶点は−21℃であり，実用上使用できる下限温度も−21℃である．

(1) イ，ロ　　(2) イ，ハ　　(3) ロ，ハ
(4) ロ，ニ　　(5) ハ，ニ

解答と解説

イ．フルオロカーボン冷媒は，毒性はありませんが，そのガス（蒸気）は空気より重く，冷媒が漏れた場合には冷凍機械室内の床面に滞留します．**酸欠**の恐れがあるため，換気を考慮しなくてはいけません．【イ：×】

ロ．フルオロカーボン冷媒は油とよく混じり合うので，吐出し管に油分離器を設けて，油を分離し圧縮機に戻します．【ロ：○】

ハ．フルオロカーボン冷媒に潤滑油が多く溶けていると，蒸

発器では，冷媒は蒸発しますが，潤滑油は蒸発しないため，蒸発温度が低くなります．このため，成績係数は小さくなります．【ハ：○】

ニ．塩化ナトリウムブラインの共晶点（最低の凍結点）は，−21℃で，実用上使える下限温度は，−15℃です．また，塩化カルシウムでは，共晶点−55℃，実用上−40℃くらいです．【ニ：×】

これより，正しいものは，ロ，ハ．

正解：(3)

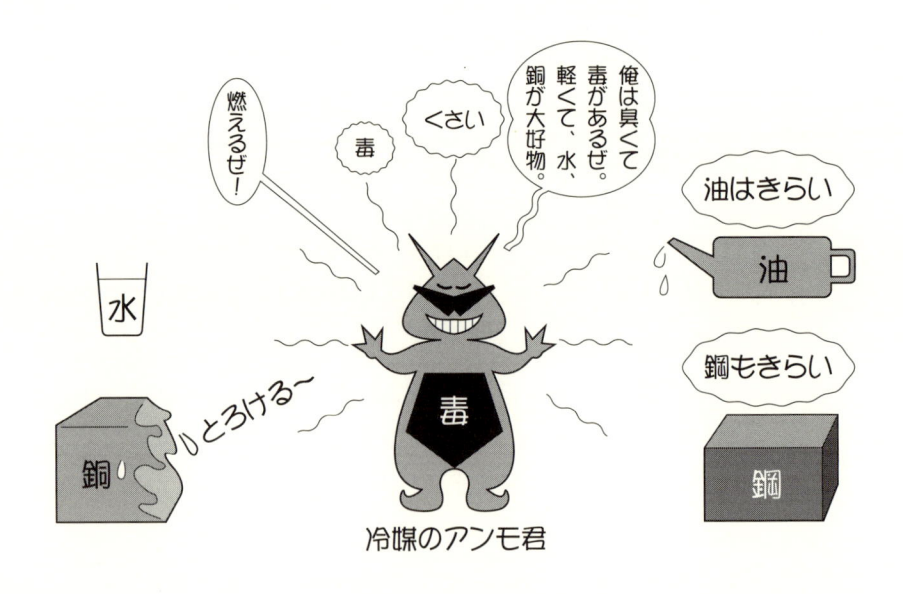

第3章 圧縮機

圧縮機の種類
圧縮機の効率
圧縮機の構造・保守など

について学ぼう

皆さん，本章では圧縮機について学習します．圧縮機とは何でしょうか．すでに前にも少しでてきましたが，冷凍装置の心臓部にあたり，冷媒ガスを吸込み，凝縮圧力まで圧縮して送り出す機械です．

3.1 圧縮機の種類

ここが重要！ 圧縮機は，圧縮の方法により，表3-1に示すように**容積式**と**遠心式**に大別されます．また，容積式には，往復式（レシプロ式），スクリュー式，ロータリー式，スクロール式などがあります．

表3-1 圧縮機の分類

容積式	往復式（レシプロ式）	小・中型，ピストンの往復運動
	スクリュー式	中型，中圧縮比
	ロータリー式	小型，高速
	スクロール式	小型，高速
遠心式	遠心式（ターボ式）	大型

圧縮機の駆動は，普通は電動機(モータ)が使われています．この電動機と圧縮機を別々に置いて，直結あるいはベルト

掛けして駆動するものを**開放型圧縮機**と呼びます．

図3-1に示すように，開放型往復圧縮機は，シャフト（軸）が突き出ているため，冷媒の漏れ止め用**シャフトシール**が必要です．アンモニア冷媒用の圧縮機は，電動機巻線を侵すので，この開放型圧縮機しか使用できません．

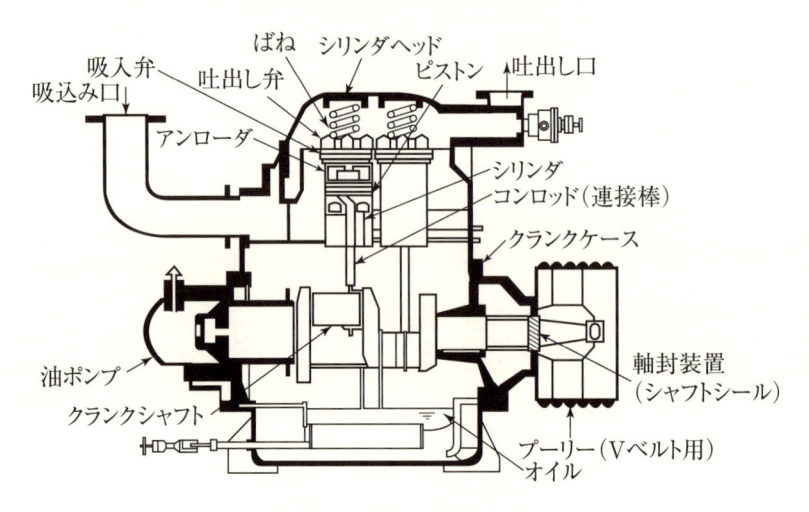

図3-1 開放型往復圧縮機

一方，フルオロカーボン冷媒用の圧縮機は，小・中型では，電動機を圧縮機のケーシング（箱）内に入れ，一体構造とした**密閉型圧縮機**が多く使用されています．特に，ケーシングを溶接密封したものを全密閉圧縮機といい，ボルトを外すことで点検，修理ができるものを半密閉圧縮機といいます．

皆さん，自宅の冷蔵庫の圧縮機を見たことがありますか．最近の冷蔵庫は，裏側もすっきりしており，分解しないと見えませんが，私の家にあるとっても古い（15年以上前）冷蔵庫には，一番下のほうに黒い円筒（メロンぐらいの大きさ）があります．この黒い円筒が圧縮機です．電動機はというと，先ほど説明したように全密閉圧縮機を使用しており，黒い円

筒がケーシングで，この中に電動機と圧縮機が納められているのです．興味のある人は，大掃除のときにでも見てください．ただし，少し熱いので触るときは，注意してくださいね．

3.2 圧縮機の効率

圧縮機の効率の種類は，以下の三つがあります．

① 体積効率：η_v

実際の圧縮機では，吸込み弁の絞り抵抗や吐出し弁の絞り抵抗，ピストンからの漏れ，圧縮ガスの再膨張などがあり，理論上のピストン押しのけ量よりも小さくなります．

② 断熱効率：η_c

実際の圧縮動力は，圧縮機の吸込み弁や吐出し弁の流れ抵抗などで，理論断熱圧縮動力よりも大きくなります．この比を断熱効率（圧縮効率）といいます．圧力比（圧縮比）が大きくなると，断熱効率は小さくなります．

③ 機械効率：η_m

実際の圧縮機の動力は，摩擦損失などがあり，理論圧縮動力よりも大きくなります．この比を機械効率といいます．普通，η_m は 0.8～0.9 です．

3.3 圧縮機の構造・保守など

(1) 圧縮機の容量制御装置

冷凍装置の負荷は，いつも一定とは限りません．そこで，負荷が大きく減少した場合に，圧縮機の容量を調整する装置が，容量制御装置（アンローダ）です．

(a) 往復動圧縮機

往復式（レシプロ式）圧縮機の大容量のもので，シリンダ（気筒）が 2～8 個のものを多気筒圧縮機といい，アンローダで

容量制御と始動時の負荷低減を行っています．

　この装置は，油圧によりアンローダを作動させます．油圧を加えることにより，ロード状態（圧縮する状態）となり，油圧を遮断することによりアンロード状態（吸込み弁を押し上げて圧縮ができない状態）となります．

　多気筒圧縮機は，油圧ポンプがクランクシャフトと直結しています．したがって，圧縮機を始動する際，油圧上昇の遅れがあり，アンロード状態（圧縮できない状態）で始動，すなわち軽負荷で圧縮機を始動することができます．

　また，負荷が軽減した際，油圧を段階的に遮断し，アンロード状態にすることにより，圧縮ガスの制御をしています．

　(b)　スクリュー圧縮機

　スクリュー圧縮機は，**スライド弁**により，ある範囲内で**無段階**に容量を制御することができます．

　(c)　インバータ制御

　小型のロータリー式，スクロール式などの圧縮機は，インバータにより回転数を制御することで容量制御を行っています．

　(2)　頻繁な起動・停止

　頻繁な起動・停止つまり，スイッチを入れたり，切ったりすることを繰り返すと，電動機に大きな始動電流が流れ，電動機巻線が温度上昇し，焼損の恐れがあります．電動機が壊れると，圧縮機も当然作動しないため，冷凍機が使用不能となります．

　(3)　液戻り

　急激に負荷が増大すると，蒸発器からの冷媒ガスの中に冷媒液が混入し，圧縮機に吸入されることがあります．この現象を液戻り（液バック）といいます．冷媒液の混入が少量な

らば，圧縮機のシリンダヘッド（上部のこと）の温度が低下するだけです．しかし，冷媒液が大量に混入すると，液はガスと違い非圧縮性なので液圧縮となり，圧縮機は異常高圧，激しいショック音や振動を生じ，この状態を放置すると圧縮機の破壊に至るリキッドハンマを起こします．

(4) **オイルフォーミング（泡立ち）**

フルオロカーボン冷媒用の圧縮機では，停止中のクランクケース内の油温が低いとき，冷媒が油に溶け込みやすくなります．この状態で圧縮機を始動すると，油中の冷媒が気化し油が沸騰したような泡立ちが発生します．この現象を**オイルフォーミング**といいます．なお，液戻りした場合も同様に起こります．

オイルフォーミングが起きると，油上がりが多くなり，油

圧の低下，潤滑不良を起こします．

　防止策は，クランクケースヒータを用いて，運転開始前の油温を上げておき，冷媒の油中への溶け込みを防止するようにします．

　アンモニア冷媒の場合にも，油にほんの少しアンモニアが混入したときや液戻り時にオイルフォーミング現象を生じることがあります．

これを暗記

❶　圧縮機は，容積式と遠心式に大別される．

❷　多気筒圧縮機では，アンローダで容量制御と始動時の負荷低減を行う．

❸　オイルフォーミング（泡立ち）を防止するには，圧縮機停止時の油温低下を防ぐクランクケースヒータを用いる．

　それでは，練習問題で圧縮機の理解を深めてください．

練習問題にチャレンジ

【問題1】 次のイ，ロ，ハ，ニの記述のうち，圧縮機の構造，作用について，正しいものはどれか．

イ．多気筒圧縮機は，アンローダによって圧縮機の気筒の数だけ，段階的に容量を変えられる．
ロ．多気筒圧縮機のアンローダは，始動時の負荷軽減装置としても使われている．
ハ．圧縮機が頻繁に起動と停止を繰り返すと，電動機巻線の異常な温度上昇を招き，焼損のおそれがある．
ニ．強制給油式のフルオロカーボン往復圧縮機が液戻りの運転状態になると，潤滑不良やオイルフォーミングを起こすことがある．

(1) イ，ロ　　(2) イ，ハ　　(3) ロ，ハ
(4) イ，ハ，ニ　　(5) ロ，ハ，ニ

解答と解説

イ．多気筒圧縮機は，2～8気筒の機種があり，2気筒ごとにアンロード装置があります．ですから，すべての気筒の数だけ（1気筒ごと）容量を変えられるわけではありません．【イ：×】

ロ．多気筒圧縮機のアンローダは，始動時はアンロード状態となっており，始動時の負荷軽減装置としても使われます．起動後時間がたつと，油圧が上昇しロード状態になります．【ロ：○】

ハ．圧縮機が頻繁に起動と停止を繰り返すと，起動電流が大

きいため，電動機巻線の異常な温度上昇を招き，焼損事故となります．【ハ：○】

ニ．フルオロカーボン往復圧縮機が液戻りの運転状態になると，潤滑油内に冷媒液が混入し，潤滑不良やオイルフォーミングを起こします．【ニ：○】

これより，正しいものは，ロ，ハ，ニ．

正解：(5)

【問題2】 次のイ，ロ，ハ，ニの記述のうち，圧縮機の構造，作用について，正しいものはどれか．

イ．スクリュー圧縮機の容量制御は，スライド弁により無段階にできるが，多気筒圧縮機では段階的に容量制御を行う．

ロ．往復圧縮機のコンプレッションリングが異常磨耗すると，ガス漏れを生じ，体積効率が低下し冷凍能力も低下する．

ハ．圧縮機の断熱効率（圧縮効率）が大きくなると軸動力は大きくなり，冷凍装置の成績係数も大きくなる．

ニ．開放型圧縮機には，クランク軸からの冷媒止めに，シャフトシールが必要である．

(1) イ，ロ　　(2) ロ，ニ　　(3) イ，ロ，ニ
(4) ロ，ハ，ニ　　(5) イ，ロ，ハ，ニ

解答と解説

イ．スクリュー圧縮機の容量制御は，スライド弁により無段階にできます．多気筒圧縮機では，アンローダで2気筒ごとに段階的に容量制御を行います．【イ：○】

ロ．往復圧縮機には，コンプレッションリングが2，3本，オイルリングが1，2本あります．コンプレッションリン

グが異常磨耗すると，ガス漏れを生じ，体積効率が低下し冷凍能力も低下します．また，オイルリングが磨耗すると，油上がりが多くなります．【ロ：○】

ハ．圧縮機の断熱効率（圧縮効率）が大きくなる（高くなる）と軸動力は**小さく**なります．すると，冷凍装置の成績係数は大きくなります．【ハ：×】

ニ．開放型圧縮機には，クランク軸からの冷媒漏れ止めに，シャフトシールが必要です．【ニ：○】

これより，正しいものは，イ，ロ，ニ．

正解：(3)

【問題3】 次のイ，ロ，ハ，ニの記述のうち，圧縮機の構造，作用について，正しいものはどれか．

イ．圧縮機の始動時に起こりやすい液圧縮は，吸込み配管の施工不良が原因の一つである．

ロ．アンモニアは，フルオロカーボンと異なり油に溶けにくいので，アンモニア圧縮機ではオイルフォーミングを起こすことはない．

ハ．油ポンプによる強制給油式多気筒圧縮機の油圧は，ゲージ圧力で 0.15MPa 以上あれば正常である．

ニ．密閉圧縮機は，高真空運転状態を続けると電動機が焼損しやすい．これは電動機の過負荷運転のためである．

(1) イ　　(2) ハ　　(3) イ，ロ　　(4) イ，ハ　　(5) ハ，ニ

解答と解説

イ．吸込み配管の途中に凹部があると，そこに冷媒液が溜まるときがあり，このとき圧縮機を始動すると，液戻りが生じ液圧縮となります．吸込み配管は凹部がないように施工しなけ

ればならず，施工不良が原因の一つといえます．【イ：〇】

ロ．フルオロカーボン冷媒だけでなく，アンモニア冷媒でも，液戻りが生じれば潤滑油内に冷媒液が混入し，オイルフォーミングを起こすことがあります．【ロ：×】

ハ．油圧圧力計には，給油圧力と吸込み圧力を足したものが指示されます．なお，実際の給油圧力は 0.15〜0.4MPa 程度ですから，"0.15MPa＋吸込み圧力"以上ないと正常ではありません．【ハ：×】

ニ．密閉圧縮機は，高真空運転状態を続けると冷却不足により電動機が焼損しやすくなります．それは，吸込み圧力が低くなると，冷媒の比体積〔m^3/kg〕が大きくなり，同じピストン押しのけ量に対して冷媒循環量が減少するため，電動機は**軽負荷運転**となるからです．【ニ：×】

これより，正しいものは，イ．

正解：(1)

どうでしたか．3問とも正解の方は，次にお進みください．おしくも不正解の方は，もう一度読み返して学習してください．

第4章 凝縮器

について学ぼう

- 凝縮器の伝熱作用
- 凝縮器の種類
- 空冷凝縮器
- 水冷凝縮器
- 蒸発式凝縮器
- 冷却塔（クーリングタワー）
- 不凝縮ガス

皆さん，本章では凝縮器について学習します．凝縮器とは，前章の圧縮機より吐き出された高温・高圧の冷媒ガスを水や空気などで冷却して，凝縮（液化）させる熱交換器のことをいいます．このとき，凝縮器が取り去る熱量を凝縮負荷と呼びます．この凝縮負荷 Φ_k は，冷凍能力 Φ_0 と圧縮機の軸動力 P の和で求められます．（1.4節冷凍の原理15ページを参照）

$$\Phi_k = \Phi_0 + P \ [\mathrm{kW}]$$

このように，凝縮器は両者の熱量を放熱するだけの冷却面積が必要となります．

4.1 凝縮器の伝熱作用

復習になりますが，伝熱（熱の移動）の形態は，3種類ありましたが覚えていますか．そう，熱伝導，熱伝達，熱放射の三つでしたね．忘れちゃった方は，もう一度第1章1.2節を読み直してください．また，固体を通して高温流体（液体や気体）から低温流体への熱が移動する現象，つまり熱伝達→熱伝導→熱伝達の組合せが熱通過でしたね．思い出してください．

凝縮器も熱交換器の一つです．高温の冷媒ガスと水あるいは空気と熱交換し，低温の冷媒液にするのです．つまり冷媒は凝縮器内で，過熱蒸気→乾き飽和蒸気→湿り蒸気→飽和液→過冷却液と状態変化します．$p\text{-}h$ 線図の点 2→3 の変化です．（第 1 章 1.6 節の図 1-8 参照）

さて，水冷式の場合を考えます．凝縮器が冷媒を冷却するために必要な熱量を求めるには，凝縮器の場所によって冷媒と冷却水の温度差が違ってきます．そこで，冷媒の凝縮温度 t_k と冷却水の入口側温度 t_{w1} との温度差を Δt_1（$=t_k-t_{w1}$），出口側の温度差を Δt_2（$=t_k-t_{w2}$）としたとき，正確に求めるには対数平均温度差 Δt_{1m} を用います．

$$\Delta t_{1m} = \frac{\Delta t_1 - \Delta t_2}{\ln \dfrac{\Delta t_1}{\Delta t_2}} \text{〔K〕}$$

ここで，記号 ln は自然対数 $\log_e$ のことです．

しかし，Δt_1 と Δt_2 があまり違わない，冷凍装置の熱交換器における伝熱量の計算の場合には，近似的に**算術平均温度差** Δt_m が多用されます．

$$\Delta t_m = \frac{\Delta t_1 + \Delta t_2}{2} = t_k - \frac{t_{w1}+t_{w2}}{2} \text{〔K〕}$$

なお，t_{w1} は冷却水の入口温度，t_{w2} は冷却水の出口温度，t_k は冷媒の凝縮温度を表しています．

何やら難しい式が出てきました．この式の意味を理解し，計算するのは多少難しいのですが，3 冷の試験では数値計算は出題されず，式の形だけしか出題されませんのでご安心ください．でも，＋－や分母の数値など式の形はしっかり覚えてください．

4.2 凝縮器の種類

凝縮器は，その利用形態により大きく空冷式，水冷式，蒸発式の三つがあります．表4-1に凝縮器の種類と冷媒などを示しておきます．

表4-1 凝縮器の種類と冷媒など

種類	形式	冷媒など
空冷式	プレートフィンチューブ	フルオロカーボン
水冷式	横形シェルアンドチューブ	フルオロカーボン，アンモニア
	立形シェルアンドチューブ	大型のアンモニア
	ダブルチューブ（二重管）	フルオロカーボン
蒸発式	裸鋼管	アンモニア

4.3 空冷凝縮器

空気の**顕熱**を利用して冷媒を凝縮させる凝縮器が空冷凝縮器です．欠点は，凝縮温度が高い，圧縮機の軸動力が大きい，寸法が大型になる等があげられます．しかし，冷却塔が不要，構造が簡単，据付けや保守が容易等の長所があるので，小型のフルオロカーボン冷凍装置には，広く利用されています．

図4-1に示すように空冷凝縮器は，**アルミニウム製**の薄板のフィンがある**プレートフィンチューブ形**で，ファン（電動機）を用いて強制的に対流させています．空気の熱伝達率は，冷媒に比べるとはるかに小さいため，空気側にこのようなフィンがあるのです．

空冷凝縮器の一般的な条件としては，空気の流速を0.5〜3m/s，入口空気乾球温度（湿球温度に関係なし）を約32℃，凝縮温度を45〜50℃としています．

さて，皆さんのご家庭にあるエアコンも普通は，この空冷

凝縮器が使われています。エアコンをちょっと見てください。といっても部屋の中ではなく，外にある室外機です。どうですか，よーく観察してください。図4-1のように，室外機の周りに銀色（白色？）のアルミ製の薄いフィンが約2mm間隔でずらりと並んでおり，大きなファンも見えるはずです。

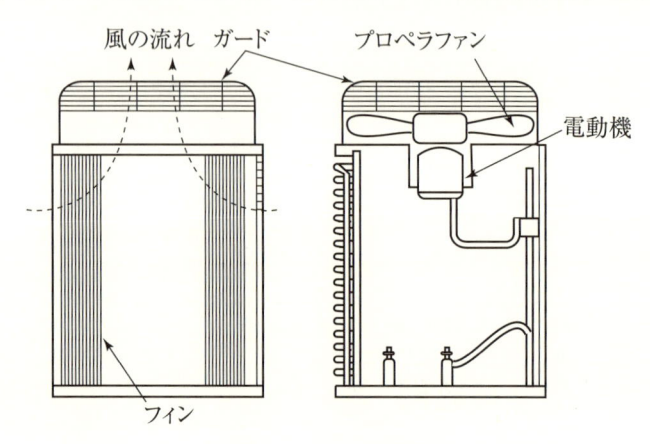

図4-1 空冷凝縮器

4.4 水冷凝縮器

　水冷凝縮器は，水で凝縮負荷を取り去る凝縮器で，冷却水は，冷却塔を用いる場合，上水，井戸水，河川水，湖水，海水等があり，冷却塔を用いる場合が一般的です．

　水冷凝縮器は，表4-1のように横形と立形の**シェルアンドチューブ**および**ダブルチューブ**（**二重管**）の3種類があります．

・**シェルアンドチューブ凝縮器**
　鋼板製または鋼管製の円筒胴（シェル）と管板（チューブプレート）に固定された冷却管（チューブ）が主要な部分で，円筒胴の内側と冷却管との間に圧縮機から吐出された高圧・高温の冷媒ガスが送り込まれ，冷却管の中を冷却水が通り，

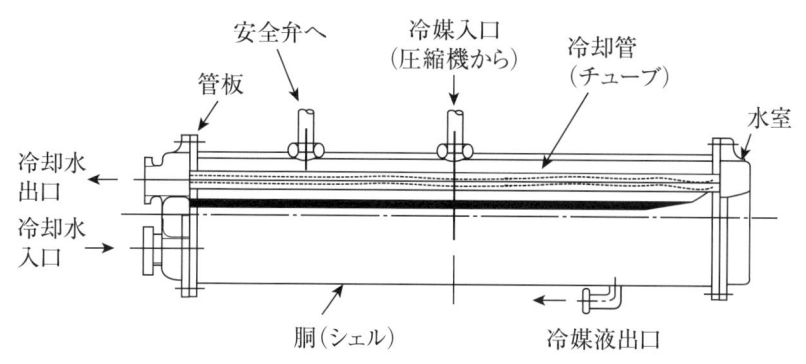

図4-2　横形シェルアンドチューブ凝縮器

　管板と冷却管は通常，チューブエキスパンダで拡管（アンモニア用の鋼管は溶接）されて固定し，冷媒をシールしています．

　冷媒は，冷却管で冷却され，冷却管の外表面で凝縮液化し，凝縮された液は，凝縮器の底部に溜まり，液出口から受液器または膨張弁に送り出されます．冷却水は，横形シェルアンドチューブ凝縮器では，一般に水室の下部から入り，上部の冷却水出口に達します．

　冷媒がフルオロカーボンの場合は，冷却管に**銅製のローフィンチューブ**を，またアンモニアの場合は，**鋼管の平滑管（裸管）**を用います．ローフィンチューブとは，銅管の外側に細いねじ状の溝をつけた管のことです．水冷凝縮器の場合は，冷却管内を冷却水が流れ，管外面で冷媒蒸気が凝縮されるのが一般的で，冷却水側の熱伝達が冷媒側の2倍以上と大きいので，冷媒側にフィンを設けて伝熱面積を大きくするように工夫されています．

　伝熱管の有効内外伝熱面積比 m は，$m = 3.5 〜 4.2$ が一般的で，フルオロカーボン用の伝熱管には，銅管が使用されています．

冷却水の流速は，熱伝達率の面からは速いほうがよいのですが，流速が速いと，冷却管の腐食（乱流腐食），振動が生じたり冷却水ポンプの所要動力が大きくなるので，一般的には1～3m/sの範囲に収めています．

ある期間凝縮器を使用すると，冷却水中の汚れや不純物が冷却管の内面に付着してきます．この付着物が**水あか**です．水あかは熱伝導率が小さい（熱伝導抵抗が大）ため，凝縮温度が上昇し圧縮機の動力も増加します．水あかの熱伝導抵抗を汚れ係数f〔$m^2 \cdot K/kW$〕で表し，普通ローフィンチューブでは，$f = 0.17$〔$m^2 \cdot K/kW$〕以上になると水あかを除去します．

立形シェルアンドチューブは，大型のアンモニア凝縮器に使用されます．冷却水は上部に入れ，下部の水槽に落ちてきます．立形凝縮器は，据付面積が小さく，運転中に冷却管の掃除ができるなどの利点があります．

・ダブルチューブ（二重管）凝縮器

名前のとおり，内管と外管の二つの管を使用します．内管の中には冷却水を通し，冷媒は内管と外管の間に通し凝縮させます．内管の外表面には，ワイヤーフィンがついております．これは，水と冷媒では，冷媒側の熱伝達率が低いため，フィンなどを付けて冷媒側の熱伝達率を上げているためです．

4.5　蒸発式凝縮器

蒸発式凝縮器とは，冷却塔を用いる水冷凝縮器に比べ凝縮温度を低くすることができ，おもに**アンモニア冷凍装置**に利用されています．

ポンプによって水が冷却管コイルの上方から散布され，冷媒はコイルの上部から入り，凝縮後コイル下部から液となっ

て受液器に行きます．冷却塔と同様に，**水の蒸発潜熱を利用**して冷却をするため，外気（周囲の空気）の湿球温度が低いほど冷媒の凝縮温度は低下します．なお，冬季に凝縮温度が下がりすぎる場合は，散水量を制御し，凝縮圧力が一定値以上となるようにしています．

4.6　冷却塔（クーリングタワー）

　皆さん，冷却塔（クーリングタワー）を見たことがありますか．ご家庭ではないと思いますが，事務所やビルの屋上などで普通に見ることができます．何をする機械かといえば，前述の水冷凝縮器から出た温度の高くなった冷却水を散水し，ファンで空気を吸込み冷却水と充てん材表面で接触させて，一部の水を蒸発させ**蒸発潜熱**で冷却するのです．

　冷却塔の出口水温と冷却空気の入口湿球温度との差をアプローチといい，通常5K（5℃）程度です．また，冷却塔の性能は，水温，水量，風量および湿球温度で決まります．冷却塔の出入り口冷却水の温度差をクーリングレンジ（レンジ）といい，これも通常5K程度です．

　密閉型冷却塔とは，普通使用されている開放型冷却塔の充てん材の代わりに，コイルを用い，直接周囲の空気と冷却水が接触しないようにしたものです．このため，空気が汚染されていても，冷却水の水質が低下しません．

4.7　不凝縮ガス

　不凝縮ガスとは，いくら冷却しても凝縮できないガスのことをいい，冷凍装置ではおもに**空気**のことを指します．冷媒充てん時の空気抜き（エアパージ）が不十分な場合や大気圧以下で運転する低圧部に漏れがある場合，冷媒配管中に空気

が侵入します．空気は，普通，**凝縮器に溜まるため**，凝縮圧力が空気の分圧相当分以上に上昇し，圧縮機の動力が大きくなり，冷凍能力および成績係数が低下します．

これを暗記

❶ 熱交換器では，正確な対数平均温度差 Δt_{lm} と単純な算術平均温度差 Δt_m を使用．

❷ 凝縮器は，空冷式，水冷式，蒸発式の3種類．

❸ 空冷式→アルミ製のプレートフィンチューブ
 水冷式→フルオロカーボンは銅製のローフィンチューブ
 　　　　アンモニアは裸鋼管
 蒸発式→アンモニア冷凍装置，裸鋼管

それでは，練習問題で凝縮器の理解を深めてください．

練習問題にチャレンジ

【問題1】 次のイ，ロ，ハ，ニの記述のうち，凝縮器について正しいものはどれか．

イ．一般にアンモニア冷凍装置では，フィンピッチ2mm程度のプレートフィンの空冷凝縮器が使用されている．

ロ．凝縮器に不凝縮ガスが混入すると，凝縮圧力は高くなる．

ハ．蒸発式凝縮器は，水の蒸発潜熱を利用して冷却するので，凝縮圧力は外気の湿球温度と関係しない．

ニ．空冷凝縮器の凝縮温度は，流入空気の風量と乾球温度によって変わるが，湿球温度の影響はほとんど受けない．

(1) イ，ロ　　(2) イ，ハ　　(3) ロ，ハ
(4) ロ，ニ　　(5) イ，ロ，ハ

解答と解説

イ．一般に**フルオロカーボン**冷凍装置の空冷凝縮器では，フィンピッチ2mm程度のプレートフィンの空冷凝縮器が使用されています．アンモニアは，フィンのない裸鋼管が用いられます．【イ：×】

ロ．凝縮器に不凝縮ガスが混入すると，凝縮圧力は高くなり，圧縮機の動力が大きくなります．【ロ：○】

ハ．蒸発式凝縮器は，水の蒸発潜熱を利用して冷却するので，**凝縮圧力**は外気の**湿球温度と関係**があります．乾球温度とは関係ありません．混同しないように．【ハ：×】

ニ．そのとおりです．空冷凝縮器の凝縮温度は，流入空気の

風量と乾球温度に関係があり，湿球温度とは関係ありません．蒸発式と混同しないように．【ニ：○】

これより，正しいものは，ロ，ニ．

正解：(4)

【問題2】 次のイ，ロ，ハ，ニの記述のうち，凝縮器について正しいものはどれか．

イ．水冷凝縮器の凝縮圧力が上昇した．この原因として，冷却管内の水あかの付着，不凝縮ガスの滞留などが考えられる．

ロ．水冷凝縮器の冷却管に付着した水あかを清掃すれば，冷却水の出入り口の温度差が小さくなり，高圧側圧力が高くなる．

ハ．密閉型冷却塔では，凝縮用冷却水が大気と直接接触しないので，冷却水は大気により汚染されることはない．

ニ．冷却塔では，その入口水温と，出口空気乾球温度との差をアプローチと呼んでいる．

(1) イ，ハ　　(2) ロ，ハ　　(3) ロ，ニ
(4) イ，ハ，ニ　　(5) ロ，ハ，ニ

解答と解説

イ．水冷凝縮器の凝縮圧力が上昇する原因としては，**冷却管内の水あかの付着，不凝縮ガスの滞留**，冷媒の過充てん，冷却水温度の上昇，負荷の増加などが考えられます．【イ：○】

ロ．水冷凝縮器の冷却管に付着した水あかを清掃すると，凝縮器の能力が上がり，冷却水の出入り口の温度差が**大きく**なり，高圧側圧力が**低く**なります．【ロ：×】

ハ．密閉型冷却塔では，凝縮用冷却水が大気と直接接触しないので，冷却水は大気により汚染されません．【ハ：○】

ニ．冷却塔では，その**出口水温**と，**入口空気湿球温度**（外気の湿球温度）との差をアプローチと呼んでいます．入口・出口，乾球・湿球など，混同しないように十分整理してください．【ニ：×】

これより，正しいものは，イ，ハ．

正解：(1)

【問題3】　次のイ，ロ，ハ，ニの記述のうち，凝縮器について正しいものはどれか．

イ．凝縮負荷が一定の場合，冷却水温度が高くなれば凝縮温度は高くなり，冷却水出入り口の温度差も増大する．

ロ．液化した冷媒の過冷却度が大きくなると，冷凍能力は増加する．

ハ．水冷凝縮器において，入口水温を t_1，出口水温を t_2 とすると，この熱交換器における算術平均温度差 Δt_m は，$\Delta t_m = \dfrac{t_1 + t_2}{2}$ である．

ニ．空冷凝縮器の冷媒凝縮温度は，伝熱面積や風速によって異なるが，凝縮器入口空気温度より 30～40℃ 高くなるのが普通である．

(1) イ　　(2) ロ　　(3) ニ　　(4) イ，ロ　　(5) ロ，ニ

解答と解説

イ．凝縮負荷が一定で，冷却水温度だけが高くなっても，冷却水の水量が一定ならば，冷却水出入り口の温度差は変化しません．【イ：×】

ロ．液化した冷媒の過冷却度が大きくなれば，21ページ図1-7の p-h 線図の h_3 が小さく（左側に移動）なります．

すると，$h_3=h_4$ から冷凍効果 (h_1-h_4) が大きくなり，冷凍能力は増加します．【ロ：○】

ハ．冷却水の入口側の**温度差**を Δt_1，出口側の温度差を Δt_2 としたとき，算術平均温度差 Δt_m は，$\Delta t_m = (\Delta t_1 + \Delta t_2)/2$ となります．温度差であって，入口水温 t_1，出口水温 t_2 ではありません．【ハ：×】

ニ．空冷凝縮器の入口空気の乾球温度を約32℃とすると（湿球温度は関係ありません），このときの凝縮温度はほぼ45〜50℃と，入口空気の乾球温度より13〜18℃高くなるのが一般的ですから誤りです．【ニ：×】

これより，正しいものは，ロ．

正解：(2)

どうでしたか．3問とも正解の方は，次にお進みください．おしくも不正解の方は，間違えた箇所をもう一度学習してください．

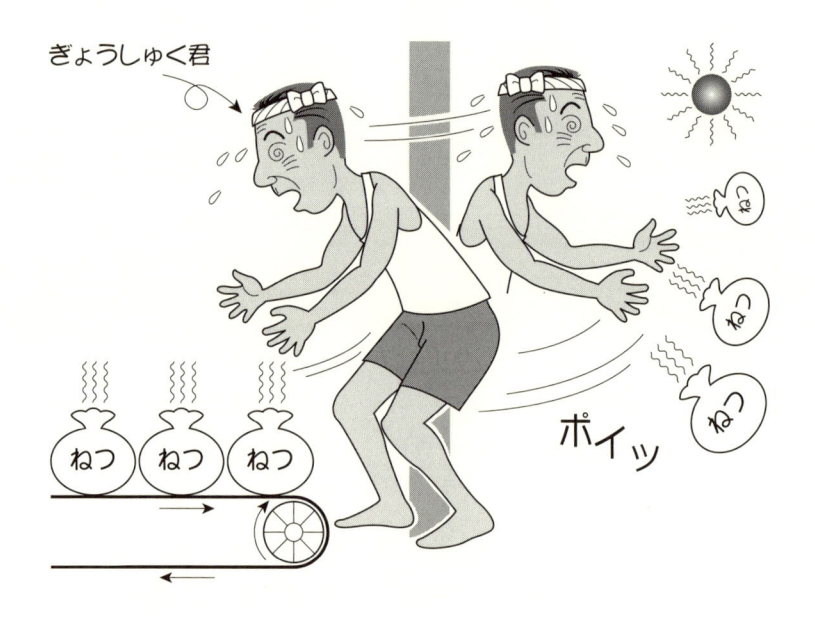

ここでちょっと一休みしましょう

　今回お話しするのは，皆さんの合格率を上げる（下げる？）ための"反則受験テクニック"です．合格率を絶対上げたい人は，読んではいけません．

　さて，国家試験ではマークシート方式が多く採用されており，皆さんが目指す3冷も同様で，五肢択一式マークシート方式です．簡単に言えば，全く問題が分からなくても20パーセントの正解率があるわけで，100点満点なら適当にマークしても20点は取れるはずです．しかし，それだけでは間違いなく不合格になってしまいます．そこで，私の考えた"反則受験テクニック"を紹介します．

　3冷の保安管理技術では，問題が15問出題されますが，15問中の正解①～⑤が，いくつあったかを調べてみました．下記に過去5年分を示します．

正解番号	1	2	3	4	5	合計
23年	2	1	1	5	6	15個
22年	0	7	2	5	1	15個
21年	5	3	3	2	2	15個
20年	0	3	3	5	4	15個
19年	3	3	3	4	2	15個
5年分	13	17	12	16	15	75個

　この結果から，二つのことが言えると思います．一つは，解答番号が一番多いものは④であるということです．5年分の集計をみると一番多いのは②ですが，これは，22年に集中して出たためで，平均して多いのは④となります．過去5

年間で四つ以上正解となっている場合が4年間もあります．これは正解の可能性が他の番号よりも高いことを意味しています．つまり，とにかくむずかしくて，よく分からない問題があったら④にマークすればよい，という一つの考えです．

もう一つ言えることは，ここ2年ほど，正解が特定の番号に偏っていることです．それ以前は，平均するように出題していたのでしょう．しかも，正解が一つもない番号がある確率は低い．つまり，最近の傾向に従えば，全問マーク終了後，自分の解答用紙を眺め，5個以上の番号がなく，しかも一つもない番号があるようなら，どこかで選択ミスをしている可能性が高いといえます．

以上をまとめると，

"反則受験テクニックの心得"

　一　分からないときは，④をマークせよ．
　一　正解番号がどこかに集中し，しかも0個はないようにマークせよ．

ほんと？と思っている人もいると思いますが，一応これまでのデータを重視した結果から導いていますので，ID野球ではなくID受験と私は名付けました．

ただし，この心得を守る，守らないにかかわらず，一切当方は責任を負いかねますのでご了承ください．また，法令については，調査していないのであしからず．

次コーナーでは，もっと良い方法を伝授しますので，期待（不安？）していてください．

第5章 蒸発器

蒸発器の種類
乾式蒸発器
満液式蒸発器
冷媒液強制循環式蒸発器
着霜，除霜
ディストリビュータ（分配器）

について学ぼう

本章では蒸発器について学習します．蒸発器とは何でしょうか．冷凍サイクルで空気や水，ブラインなどを介して物体を冷却するために，冷媒液に蒸発作用を行う機器を蒸発器または，冷却器と呼びます．このうち，空気を冷却するものを空気冷却器，水（ブライン）を冷却するものを水（ブライン）冷却器といいます．

5.1 蒸発器の種類

蒸発器（エバポレータ）は，冷媒の供給方式によって，表5-1のように**乾式，満液式，冷媒液強制循環式**の三つに大別されます．

表 5-1 蒸発器の種類

冷媒供給方式	形　　式	用途など
乾　　式	プレートフィンチューブ	空調用空気冷却
	シェルアンドチューブ	ブライン冷却，空調用水冷却
満　液　式	プレートフィンチューブ	空気冷却
	シェルアンドチューブ	ブライン冷却
冷媒液強制循環式	プレートフィンチューブ	空気冷却

5.2 乾式蒸発器

　$p\text{-}h$ 線図と冷凍サイクルを思い出してください（1章1.5節図1-7）. 復習のために, 同じ図を図5-1に示します. 点4→点1の状態変化が蒸発器内の変化でしたね. 膨張弁から出た冷媒（点4）は, 飽和液と乾き飽和蒸気が混り合った湿り蒸気の状態で, 蒸発器に入ります. すると, 冷媒は蒸発潜熱を周囲から取り込んで, 冷媒自身は徐々に乾き度が増し, 乾き飽和蒸気へと変化します. 最終的には冷媒は, 過熱蒸気へと状態変化し（点1）, 蒸発器から出て圧縮機へと向かいます. このように冷媒の状態変化をさせるようにしたものが, 乾式蒸発器です.

　乾式蒸発器の冷媒量は, 一般に温度自動膨張弁を用いて流量制御を行い冷媒の過熱度を一定にしています. 家庭用のエ

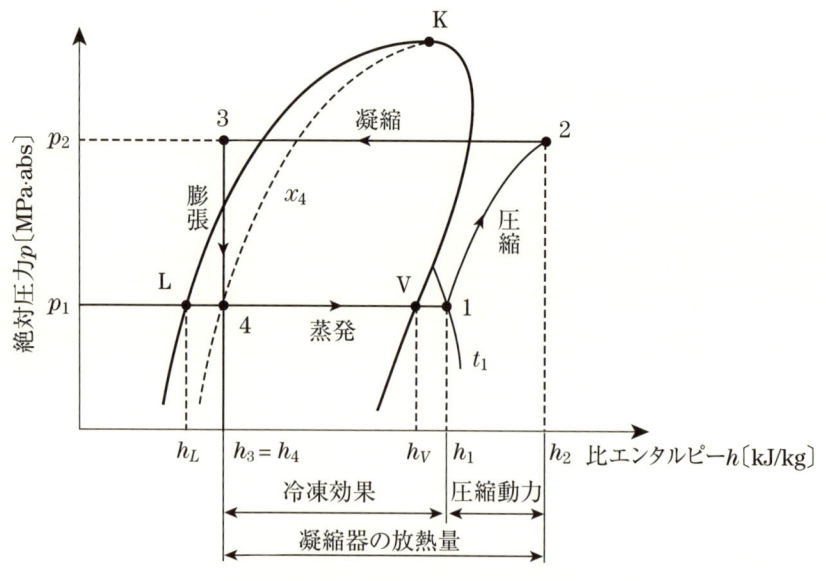

図5-1　理論冷凍サイクルの$p\text{-}h$線図

アコンをはじめ空調用の空気冷却器には，プレートフィンチューブが用いられ，水やブラインを冷却する水（ブライン）冷却器には，シェルアンドチューブが使用されています．

プレートフィンチューブ形（プレートフィンコイル）のフィンは，空冷凝縮器と同様，アルミニウムの薄板で作られており，霜付きを防止するためフィンピッチは，空調用では 2mm，冷凍・冷蔵用では 10 〜 15mm 間隔になっています．（図 5-2）

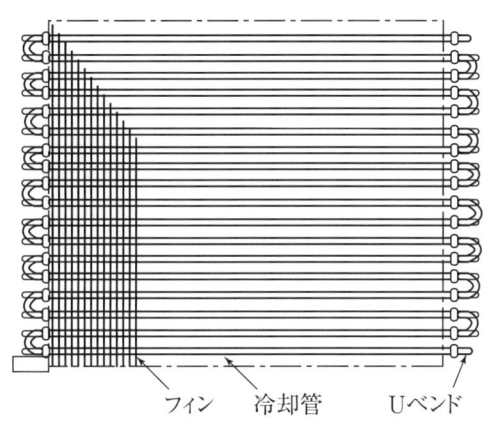

図5-2　プレートフィンコイル冷却器

シェルアンドチューブ形乾式蒸発器は，形としてはシェルアンドチューブ形の凝縮器とよく似ています．ただし，冷媒がチューブ（冷却管）を通り，水やブラインがシェル（胴）の内側つまりチューブの管外を通ります．冷媒側の熱伝達率が低いため，冷却管の内側にフィンを持つインナーフィンチューブを用います．

ところで，冷凍機油（潤滑油）は冷媒とともに，冷凍サイクルを循環するのですが，この蒸発器に溜まりやすい傾向があります．そこで，アンモニア冷媒の場合は，時々油抜き弁より抜くようにしています．また，フルオロカーボン冷媒の場合は，蒸発管内で分離された油は，冷媒蒸気とともに圧縮

機に吸込ませるようにしています．

　さて，机上だけですとなかなか理解ができないと思いますので，ちょっと体を動かして頂きます．ご面倒ですが，ご家庭のエアコン（室内機）を見てください．まず，前面カバーを押して（古いタイプはビス等をはずして下さい），黒いフィルターをはずしてください．どうでしょうか．凝縮器（室外機）と同様，2mm 間隔くらいで白色のフィンがズラリと敷き詰められているのが分かると思います．これが，乾式のプレートフィンコイルで，内部にチューブ（銅管）がよーく見ると見えるはずです．次に側面を見てください．といってもカバーで隠れているとはっきりは見えません．カバーをはずせる方だけ，取ってください．側面を見ると，Ｃの形をした直径 10mm くらいのパイプ（銅管）が見えるはずです．この中を冷媒が流れているのです．冷房運転中は冷たいし暖房中は熱いので，触るときは気をつけてください．ファン（送風機）も下部に見えると思います．このファンが回転し，冷たい（暖かい）風が出てきます．他にも，この際興味のある人は，覗いておいてください．これらの装置を確認されたら，前面カバーを戻しておいてください．

　どうでしたか．"百聞は一見に…"のように，実物を見ると理解が深まったことと思います．

5.3　満液式蒸発器

　満液式蒸発器は，大きく 2 種類ありますが，そのうちのシェルアンドチューブ形水冷却器について説明します．冷媒は，大きなシェルの下部から液として入ります．水は，管板つまりシェルの側面からチューブの中（管内）を通ります．管外（シェルの内側）には，冷媒液がありますので，チューブ内を通過する水は冷却されて出て行きます．冷媒液は，この水

ここが重要! の熱によって蒸発し冷媒蒸気となり，この冷媒蒸気がシェルの上部に溜まり圧縮機に向かいます．**シェル内に冷媒液は滞留して，冷却管を浸している**のが**満液式**の特徴です．油の戻りが悪いため，**油戻し器（油抜き）**が必要です．

先ほどのシェルアンドチューブ形乾式蒸発器では冷媒が，満液式では水が冷却管内を通過します．管外（シェルの内側）では，逆となりますので混同しないように注意して下さい．

また，満液式の熱通過率は，乾式のように過熱に必要な管の長さがいらないため，乾式よりも大きくなります．しかし，乾式に比べ冷媒充てん量が多くなります．

図5-3にプレートフィンコイル満液式蒸発器を示します．

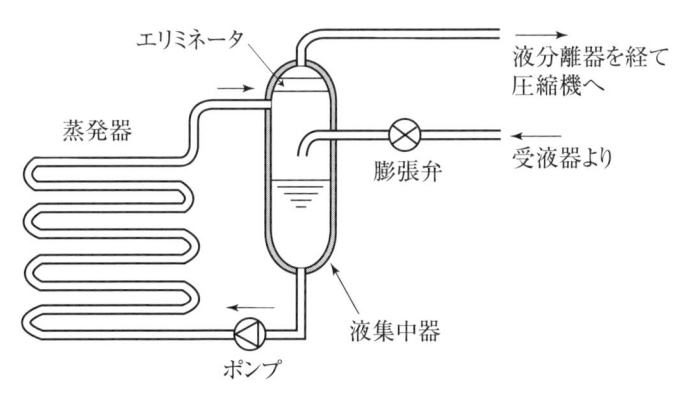

図5-3　プレートフィンコイル満液式蒸発器

5.4　冷媒液強制循環式蒸発器

低圧の受液器（6章で説明します）から，冷媒液ポンプで強制的に蒸発器に送り，未蒸発の液は気化した蒸気と共に低圧受液器へ戻します．このような方式の蒸発器を冷媒液強制循環式蒸発器といいます．冷媒用の液ポンプが必要です．液が強制循環するため，冷媒側の熱伝達率が大きくなります．

しかし，満液式同様，乾式に比べ冷媒充てん量が多くなります．

5.5　着霜と除霜

　着霜（ちゃくそう）とは，プレートフィンチューブ（プレートフィンコイル）蒸発器のフィン表面に霜が付く現象で，着霜，霜着き，フロストなどと呼びます．蒸発器に着霜すると，空気の通路が狭くなり風量が減少，伝熱が悪くなり冷却不良，冷凍能力低下で成績係数も低下します．このため，除霜（じょそう）を行います．

ここが重要！ 　霜を落とすことを，**除霜**（デフロスト）といい，**ホットガスデフロスト法**（ホットガス除霜法）と**散水除霜法**の二つが代表ですが，電気ヒータで加熱する除霜法，不凍液（エチレングリコール水溶液など）を蒸発器に散布する除霜法などもあります．

　ホットガスデフロスト法とは，圧縮機から吐き出される高温の冷媒ガス（ホットガス）を蒸発器に送り，その熱（**顕熱**と**凝縮潜熱**）で霜を融解させる除霜法です．

　散水除霜法とは，水を蒸発器に散布して霜を融解させる方法です．散水する水の温度は，水温が低すぎると霜が溶けにくく，また，高すぎると冷蔵庫内に霧が発生し，再冷却時に再び霜付きの原因になるので，10〜25℃くらいが適切な散水温度とされています．

5.6　ディストリビュータ（分配器）

　大容量の乾式蒸発器は，多くの伝熱管がありこの管に均等に冷媒を分配する装置が，ディストリビュータ(分配器)です．膨張弁の出口，つまり蒸発器の入口側に取り付けます．ディストリビュータを取り付けると，冷媒蒸気が平均に分配されるので伝熱性能は向上します．

これを暗記

❶ 蒸発器は，乾式，満液式，冷媒液強制循環式の三つに大別される．

❷ 乾式蒸発器内の冷媒は，湿り蒸気→乾き飽和蒸気→過熱蒸気と状態変化する．

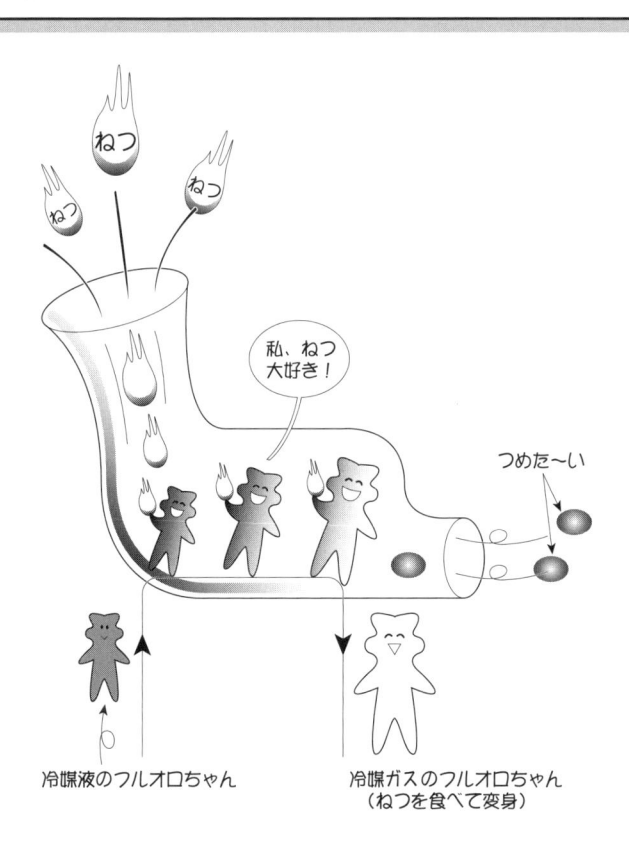

❸ 除霜（デフロスト）には，ホットガスデフロスト法と散水除霜法の二つが一般的に広く使用されている．

練習問題にチャレンジ

【問題1】 次のイ，ロ，ハ，ニの記述のうち，蒸発器について，正しいものはどれか．

イ．乾式，満液式，冷媒液強制循環式の冷媒供給方式の中で，冷媒充てん量が最も少ないものは，冷媒液強制循環式である．

ロ．冷媒液強制循環式では，液ポンプによって低圧受液器から蒸発器に送る冷媒流量は，蒸発液量に等しい．

ハ．ディストリビュータ（分配器）を用いた大容量の乾式蒸発器における冷媒の制御は，外部均圧形の温度自動膨張弁を使用する．

ニ．プレートフィンコイル蒸発器のフィン表面に霜が厚く着くと，蒸発圧力は低下する．

(1) イ，ロ　　(2) イ，ニ　　(3) ハ，ニ
(4) イ，ハ，ニ　　(5) ロ，ハ，ニ

解答と解説

イ．乾式，満液式，冷媒液強制循環式の冷媒供給方式の中で，冷媒充てん量が最も少ないものは，**乾式**です．【イ：×】

ロ．冷媒液強制循環式は，蒸発器内で蒸発する冷媒液の3～5倍が液ポンプによって低圧受液器から強制的に循環します．したがって，蒸発器に送る冷媒流量は蒸発液量と等しくありません．【ロ：×】

ハ．大型の乾式蒸発器では，多数の伝熱管を持っているので，冷媒を均等に分配して送り込むためのディストリビュータ

（分配器）を設けます．また，膨張弁は圧力降下が大きいので，外部均圧形温度自動膨張弁により冷媒量の制御を行います．【ハ：○】

ニ．フィン表面に霜が厚く着くと，熱通過率が低下し，蒸発温度が低くなり，蒸発圧力も低下します．【ニ：○】

これより，正しいものは，ハ，ニ．

正解：(3)

【問題2】 次のイ，ロ，ハ，ニの記述のうち，蒸発器について，正しいものはどれか．

イ．乾式蒸発器では，蒸発器出口の冷媒の過熱度が大きくなると，平均熱通過率は小さくなる．

ロ．同じ負荷条件の冷凍装置では，伝熱面積が異なる同じ形式の蒸発器を比べると，伝熱面積の大きい蒸発器のほうが蒸発温度は低くなる．

ハ．蒸発器に厚く着霜しても，装置の成績係数は変わらない．

ニ．散水により除霜するときの水温は，60℃程度にするとよい．

(1) イ　　(2) ロ　　(3) ハ　　(4) ニ　　(5) ロ，ニ

解答と解説

イ．熱通過率は，冷媒液と冷媒蒸気では冷媒液の方が大きい．これより，冷媒蒸気の過熱度が大きいと，平均熱通過率は小さくなります．【イ：○】

ロ．同じ負荷条件の冷凍装置では，伝熱面積が異なる同じ形式の蒸発器を比べると，伝熱面積の大きい蒸発器のほうが**蒸発温度が高く，圧力も高くなります．**【ロ：×】

ハ．蒸発器に厚く着霜すると，蒸発圧力は低くなり，圧縮機

の吸込み蒸気の比体積が大きくなって冷媒循環量が減少し，成績係数も小さくなります．【ハ：×】

ニ．散水により除霜するときの水温は，60℃と高いと，冷蔵庫内で水蒸気が発生して，再び冷却したときに霜付きの原因となります．水温は，10～25℃程度がよい．【ニ：×】

これより，正しいものは，イ．

正解：(1)

【問題3】 次のイ，ロ，ハ，ニの記述のうち，蒸発器について，正しいものはどれか．

イ．冷蔵庫用と空調用の空気冷却器では，空気と冷媒の算術平均温度差を 15～20〔K〕程度にしている．

ロ．満液式蒸発器では，蒸発器内に入った潤滑油の戻りが悪いので，油戻し装置が必要である．

ハ．乾式プレートフィン蒸発器では，冷媒と空気の流れを逆方向（向流又は対向流）にした方がよい．

ニ．乾式シェルアンドチューブ水冷却器では，冷却性能を上げるためインナーフィンチューブが用いられており，その管内を水が流れる構造となっている．

(1) イ，ロ　　(2) イ，ハ　　(3) イ，ニ
(4) ロ，ハ　　(5) ハ，ニ

👉解答と解説

イ．空調用の空気冷却器では，空気と冷媒の算術平均温度差を 15～20K 程度にしていますが，冷蔵庫用では 5～10K 程度と低くしており，誤りです．【イ：×】

ロ．満液式では，冷媒とともに圧縮機からの油が蒸発器内に

入り込むため，圧縮機の潤滑油不足を来して潤滑不良の原因となります．そのため，油戻し装置を取り付けて圧縮機に戻す必要があります．したがって，正しい記述です．【ロ：○】

ハ．乾式プレートフィン蒸発器では，冷媒と空気の流れを逆方向にした方が冷媒の過熱度を調節しやすいため，正しいです．【ハ：○】

ニ．乾式シェルアンドチューブ水冷却器では，冷却性能を上げるためインナーフィンチューブが用いられています．しかし，その**管内は冷媒が流れる構造**となっています．【ニ：×】

これより，正しいものは，ロ，ハ．

正解：(4)

全問正解できましたか．では，次にお進みください．

第6章 附属機器

- 受液器
- ドライヤ（乾燥器）
- フィルタとストレーナ
- 液分離器
- 油分離器
- 液ガス熱交換器

について学ぼう

冷凍装置には圧縮機，凝縮器，蒸発器などの主要機器以外にも多くの附属機器が必要となります．本章では，これらの附属機器について学習します．

冷凍サイクル装置の図6-1を見てください．このように実際の冷凍装置では，多くの附属装置があります．この中でも

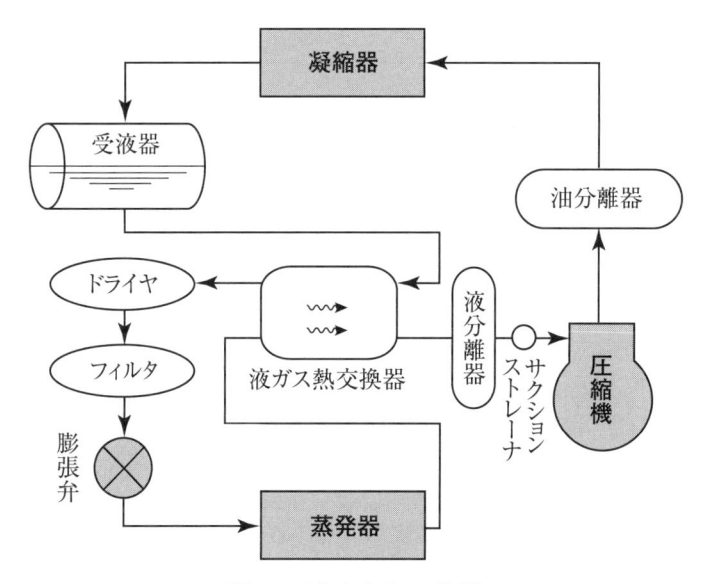

図6-1 冷凍サイクル装置

大事な装置を順に説明していきます．

6.1　受液器

　　受液器（レシーバ）には2種類あり，高圧受液器と低圧受液器があります．

　　高圧受液器（単に受液器と呼ぶこともあります）は，凝縮器出口に取り付けられ，凝縮器で液化した**冷媒液を一時的に貯蔵するタンク**のことです．受液器があると，負荷変動で蒸発器の冷媒量が変化しても，受液器の液面が上下することでこれを吸収できます．また，冷凍設備の修理の際，受液器で冷媒を簡単に回収して修理することもできます．

　　低圧受液器は，73ページ5.4節「冷媒液強制循環式の蒸発器」で，蒸発器に液を送り，また蒸発器から戻る冷媒液の液だめの役割をもち，液ポンプが冷媒ガスを吸込まないように液面位置の制御を行っています．

6.2　ドライヤ（乾燥器）

　　フルオロカーボン冷凍装置では，水分があると膨張弁で氷結し，閉塞するなど悪影響があります．そこで，受液器を出た冷媒液はドライヤ（乾燥器）に入り，ドライヤで冷媒液中の水分を除去します．シリカゲルやゼオライトなどの乾燥剤が使用されます．

6.3　フィルタとストレーナ

　　冷媒中にごみや金属粉などの異物が混入すると，膨張弁が詰まったり，圧縮機の吸込み弁や吐出し弁に付着したりします．このため，フィルタやストレーナを通して，ごみや異物を除去します．膨張弁手前の液管につけるものをリキッド

フィルタ，また圧縮機吸込み口につけるものをサクションストレーナといいます．

なお，ドライヤとフィルタの両方を兼用するものをろ過乾燥器（フィルタドライヤ）と呼びます．

6.4 液分離器

液分離器は，蒸発器から出て圧縮機に向かう冷媒ガスの吸込み配管に取り付けます．吸込みガス中に混在する液を液分離器で分離して，ガスだけを圧縮機が吸込むようにしています．冷媒液の分離法には，ガスの速度を1m/s以下に落とす方法，U字管に小孔をつけたもの，加熱するものなどの方法があります．液分離器をアキュムレータと呼ぶこともあります．

6.5 油分離器

圧縮機から吐き出される冷媒ガスには，多少の潤滑油が混合されています．この油の量が多すぎると，油量が不足し潤滑不良となります．油は，凝縮器や蒸発器に送られ伝熱不良を起こします．このため，圧縮機の吐出し管に油分離器を取り付けて，潤滑油を分離します．油分離器の構造としては，旋回板を設け油滴を遠心分離する方法，多数の小孔のある邪魔板に衝突させ分離する方法，細かい金属製の網で分離する方法，ガス速度を遅くして分離する方法などがあります．

フルオロカーボンでは，分離した油は容器下部に貯められ，一定量に達すると圧縮機のクランクケースに自動的に戻されます．アンモニアの場合は，吐出し温度が高く油が劣化するため，自動返油しないで油だめに貯めて抜き取ります．

6.6 液ガス熱交換器

　フルオロカーボン冷凍装置では，凝縮器を出た冷媒液を過冷却するためと，圧縮機に吸込まれる冷媒蒸気を適度に過熱させるために，液ガス熱交換器を設けることがあります．その役割は，液管内での**フラッシュガス**の発生防止，圧縮機に湿り蒸気で吸込ませないようにガスを過熱させることです．

　ただし，アンモニア冷凍装置では，圧縮機に吸込まれる冷媒蒸気の過熱度が過大になりすぎたり，吐出しガスの温度上昇が著しいため使用されません．

　ここで，**フラッシュガス**とは，冷凍装置の液管内でストレーナの詰まりや配管の抵抗が過大などのとき，冷媒液の一部が蒸発しガス化した状態をいいます．フラッシュガスが発生すると，膨張弁の能力が大きく低下する不具合が生じます．

> **これを暗記**
>
> ❶　冷凍装置の附属装置には，受液器，ドライヤ，フィルタ，液分離器，油分離器，液ガス熱交換器などがある．
>
> ❷　液ガス熱交換器の役割は，フラッシュガスの発生防止と冷媒ガスの適度の過熱．

　それでは，練習問題で附属機器の理解を深めてください．

練習問題にチャレンジ

【問題1】 次のイ，ロ，ハ，ニの記述のうち，附属機器について，正しいものはどれか．

イ．液分離器は，蒸発器と圧縮機との間の吸込み蒸気配管に取り付けて，液圧縮を防止する．

ロ．液ガス熱交換器は，液管内でフラッシュガスの発生を防止するために，液を過冷却している．

ハ．負荷変動の大きい冷凍装置では，受液器の容量について特に配慮する必要がない．

ニ．ろ過乾燥器は，フルオロカーボン冷凍装置の圧縮機吸込み管に取り付けて，冷媒中の異物と水分を除去する．

(1) イ，ロ　　　(2) イ，ニ　　　(3) ハ，ニ
(4) イ，ロ，ニ　(5) ロ，ハ，ニ

解答と解説

イ．負荷変動の大きい冷凍装置では，蒸発器と圧縮機との間の吸込み蒸気配管に液分離器を取り付けて，吸込み蒸気中に冷媒液が混じったときに液を分離して蒸気だけを圧縮機に吸い込ませ，液圧縮を防止します．【イ：○】

ロ．液ガス熱交換器は，フルオロカーボン冷凍装置に設けられ，液を過冷却し液管内でフラッシュガスの発生を防止しています．【ロ：○】

ハ．受液器は，大きい負荷変動があっても冷媒液が凝縮器に滞留しないように，その容量決定については十分配慮が必

要です.【ハ：×】

ニ．ろ過乾燥器は，フルオロカーボン冷凍装置に設けるもので，フィルタドライヤとも呼ばれ，フィルタでごみや異物を取り除くと同時に，冷媒液中の水分を除去する役目を持っています．しかし，その設置場所は，圧縮機吸込み管に取り付けるのではなく，膨張弁手前の液管に取り付けます．【ニ：×】

これより，正しいものは，イ，ロ．

正解：(1)

【問題2】 次のイ，ロ，ハ，ニの記述のうち，附属機器について，正しいものはどれか．

イ．高圧受液器は運転停止時に装置の冷媒液を回収するためのもので，運転中，器内は冷媒蒸気だけで満たされている．

ロ．アンモニア冷凍装置では，圧縮機吸込み蒸気の過熱度を小さくするため，液ガス熱交換器を設けることが多い．

ハ．フルオロカーボン冷凍装置に用いられる液ガス熱交換器は，圧縮機吐出しガスと膨張弁出口冷媒との間で熱交換させるものである．

ニ．空冷凝縮器では，液冷媒の収容量が少ないため受液器を設けることが多い．

(1) イ　　(2) ロ　　(3) ハ　　(4) ニ　　(5) ハ，ニ

解答と解説

イ．高圧受液器（受液器）は運転停止時に装置の冷媒液を回収することは正しいですが，運転中は，器内は冷媒蒸気だけでなく冷媒液も蓄えられるようになっています．【イ：×】

ロ．アンモニア冷凍装置では，アンモニアガスの比熱比が大きく吐出しガス温度が高いため，仮に液ガス熱交換器を設けるともっとガスの吐出しガス温度が上昇します．このため，アンモニア冷凍装置では，液ガス熱交換器を設けません．【ロ：×】

ハ．フルオロカーボン冷凍装置に用いられる液ガス熱交換器は，凝縮器出口の高圧の冷媒液と蒸発器出口の冷媒蒸気との間で熱交換させ，高圧冷媒液を過冷却させるものです．【ハ：×】

ニ．空冷凝縮器では，液冷媒の収容量が少ないため受液器を設け，冷媒液を受液器に蓄えます．【ニ：○】

これより，正しいものは，ニ．

正解：(4)

では，次にお進みください．

第7章 自動制御機器について学ぼう

- 自動膨張弁
- 圧力調整弁
- 圧力スイッチ
- 電磁弁と断水リレー

　本章では自動制御装置について学習します．現在，私たちの周りにある機械は，必ずと言っていいほど自動制御が用いられています．ビデオや洗濯機などの家電製品をはじめ，車や飛行機も自動制御装置が付いています．冷凍機も例外でなく，家庭用エアコンも，リモコンの起動スイッチを押すだけのワンタッチで冷房，暖房，除湿など全自動運転が行われています．

　一般に制御とは，物体などのある量を，設定した目標値に一致させるため，その量を検出し，目標値と比較し，その差に応じて修正動作を行わせる技術です．その動作を人間が行う場合を手動制御，機械装置が自動的に行う場合を自動制御といいます．

　さて，周囲の外気温度の時間的な変化など冷凍装置の熱負荷はいつも一定とは限りません．このため冷凍装置を**自動的に効率よく運転**するためには，**自動膨張弁**により冷媒の流量を調整します．また，蒸発圧力や凝縮圧力を調整するために**圧力制御弁**を用い，冷凍装置の安全や保安のために**圧力スイッチ**や**各種リレー**があります．

7.1　自動膨張弁

　　　　自動膨張弁は，冷凍サイクルを構成する重要な要素の一つであり，その役割は，高圧の冷媒液を低圧にする絞り膨張させる機能，および冷媒流量を熱負荷に応じ自動的に調整する機能の二つがあります．

　　　　熱負荷に対し膨張弁の開度が大き過ぎると，蒸発器で蒸発しきれない未蒸発の液が圧縮機に戻りやすく（液圧縮）なります．また逆に，弁開度が小さ過ぎると，圧縮機吸込み蒸気の圧力が低くなり，過熱度が過大となり，どちらも冷凍装置としては，効率が低下してしまいます．このため，熱負荷が変化しても蒸発器出口の冷媒の過熱度が一定になるように冷媒流量を自動膨張弁で自動的に制御しています．

　　　　一般に，乾式蒸発器では**温度自動膨張弁**が使用され，蒸発器出口の冷媒蒸気の過熱度を制御し，蒸発温度を一定に保つには**定圧自動膨張弁**が用いられます．また，小容量のエアコンや冷蔵庫などには**キャピラリーチューブ**が膨張弁の代わりに使用されます．

> ここが重要！

　　　　温度自動膨張弁は，蒸発器出口の冷媒の**過熱度**（約5～8K）**が常に一定**になるように冷媒流量を調整します．その構造は，蒸発器出口冷媒の過熱蒸気温度を感知する感温筒とダイヤフラム，これらを結ぶキャピラリーチューブ，ダイヤフラムと釣合うバネからなっています．感温筒には，ガスや液が入っており，そのチャージ方式により，ガスチャージ方式，液チャージ方式，クロスチャージ方式，吸着チャージ方式などがあります．

　　　　温度自動膨張弁には，蒸発圧力を膨張弁内のダイヤフラムで直接検出する内部均圧形と，蒸発器出口の圧縮機吸込み管

から外部均圧管を通じて伝えられる外部均圧形の2種類があります．一般に，膨張弁から蒸発器に至る圧力降下の小さい小型の装置には内部均圧形が，大型の装置では外部均圧形が使用されます．図7-1に，内部均圧形温度自動膨張弁を示します．

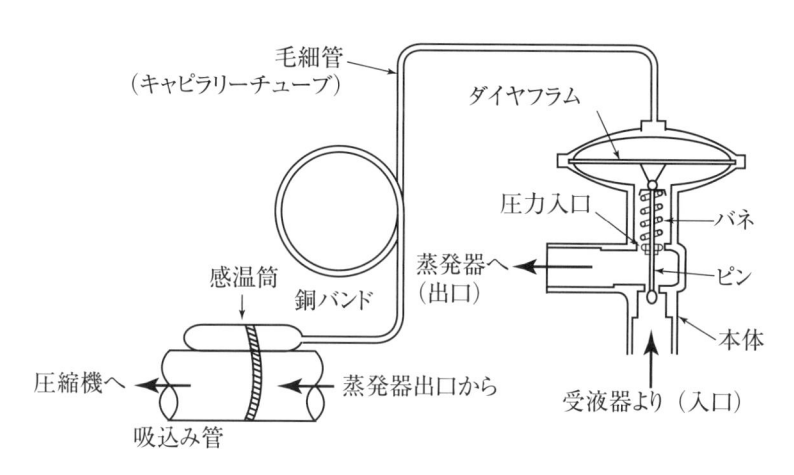

図7-1 内部均圧形温度自動膨張弁

定圧自動膨張弁は，蒸発圧力（蒸発温度）がほぼ一定になるように冷媒流量を調整する蒸発圧力制御弁です．温度自動膨張弁とは異なり，冷媒の過熱度は制御できません．熱負荷変動の小さい小型の冷凍装置に使用されます．

キャピラリーチューブは，家庭用電気冷蔵庫や小型のエアコンなど小容量の冷凍装置に，温度自動膨張弁の代わりによく用いられています．キャピラリーチューブとは，細い銅管のことで，冷媒がこの銅管（チューブ）を流れるときの流れ抵抗（圧力降下）を利用して，絞り膨張を行います．チューブの内径と長さ，入口の液圧力などで流量は決まり，固定絞りです．ですから，蒸発器出口の冷媒の過熱度は制御できません．

7.2 圧力調整弁

冷凍装置の高圧部や低圧部の圧力を適正な範囲に制御する調整弁のことを圧力調整弁といいます．以下がその代表です．

蒸発圧力調整弁は，1台の圧縮機で蒸発温度の異なる複数の蒸発器を持つ冷凍装置に用いられ，蒸発温度の高い蒸発器の出口に取り付け，蒸発圧力が設定値以下に**下がるのを防止**します．その構造を図7-2に示します．

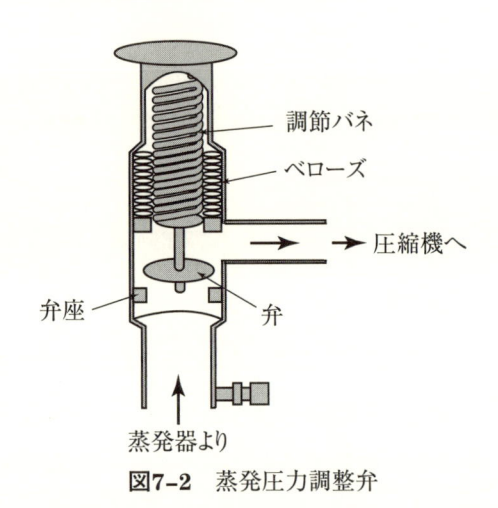

図7-2 蒸発圧力調整弁

吸入圧力調整弁は，圧縮機吸込み配管に取付け，吸込み圧力が設定圧力よりも**上がることを防止**します．また，圧縮機の始動時に吸込み圧力が設定値以下で始動できるので，駆動用電動機の過負荷を防止できます．

凝縮圧力調整弁は，冬季，空冷凝縮器の凝縮圧力が異常な低下を来たすことを防止するため凝縮器出口に取付け，弁の開度によって凝縮器内の冷媒液の量を調節し，凝縮圧力を**設定圧力以下にならないように調節**します．

冷却水調整弁は，節水弁や制水弁とも呼ばれ，水冷凝縮器

の負荷変動があっても凝縮圧力を一定圧力に保持するように，冷却水量を調整します．凝縮器の冷却水出口側に取付けます．

7.3 圧力スイッチ

　圧力スイッチは，圧力の変化を検出して電気回路の接点を開閉するもので，このスイッチで圧縮機や凝縮器のファンの起動，停止などを行います．

ここが重要！　高圧圧力スイッチは，圧縮機の吐出し圧力が設定値よりも異常に上昇したとき接点を開き，圧縮機を停止させるスイッチです．保安の目的で高圧圧力遮断装置としてこのスイッチを使用する場合は，原則として**手動復帰式**にします．

　低圧圧力スイッチは，圧縮機の吸込み圧力が設定値よりも異常に低下したとき接点を開き，圧縮機を停止させるスイッチです．一般に低圧スイッチは，自動復帰式を用います．

　圧力スイッチは，重要な**安全装置**の一つで，一般には両者を一つにした図7-3に示す**高低圧圧力スイッチ**が用いられています．また，圧力スイッチには，開閉の作動の間に圧力差

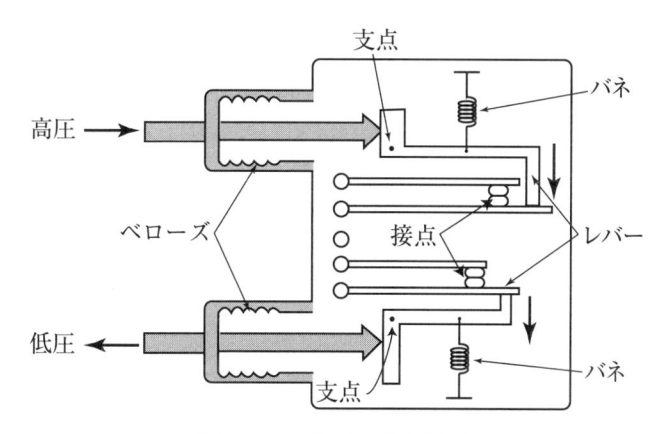

図7-3　高低圧圧力開閉器

(ディファレンシャル) があります．この圧力差をあまり小さくすると，小型圧縮機で自動発停されるものは，起動と停止を頻繁に繰り返すため電動機の焼損につながります．

油圧保護圧力スイッチは，圧縮機の油圧圧力が低下した場合に作動し，圧縮機を停止させ，圧縮機軸受け等の焼付きを防止します．給油圧力は，油圧とクランクケース内の圧力との圧力差で，約90秒経過（多気筒圧縮機等で，オイルポンプがクランクシャフト直結の場合）してもこれが約0.15〜0.4MPa以下の場合，接点を開き，圧縮機を停止させます．

7.4 電磁弁と断水リレー

電磁弁は，冷媒の流れを電気的信号によって制御している弁です．電磁弁には，口径の小さなものに用いる直動式，弁とプランジャが分離しているパイロット式があります．電磁弁は，本体に表示されている流れの方向と逆に取り付けると，流れを止めることができないので，取り付けには注意しないといけません．

断水リレーは，水冷凝縮器や水冷却器で，断水や循環水量が異常に低下した場合に動作して，圧縮機を停止または警報を出して装置を保護する安全スイッチのことです．断水リレーには，圧力を利用した圧力式断水リレーと流量を利用したフロースイッチがあります．なお，水冷却器では，断水すると凍結の恐れがあるため，断水リレーが必要となります．

> **これを暗記**
>
> ❶ 温度自動膨張弁は，蒸発器出口の冷媒の過熱度を常に一定に保つ．
>
> ❷ 圧力調整弁には，蒸発・吸入・凝縮圧力調整弁がある．
>
> ❸ 圧力スイッチには，高圧・低圧圧力スイッチと油圧保護圧力スイッチがある．

それでは，練習問題で自動制御装置の理解を深めてください．

練習問題にチャレンジ

【問題1】 次のイ，ロ，ハ，ニの記述のうち，自動制御機器について正しいものはどれか．

イ．温度自動膨張弁の感温筒内の冷媒が漏れると，膨張弁が開いて，冷えなくなる．

ロ．定圧自動膨張弁は，蒸発圧力が設定値より低くなると閉じ，高くなると開いて，蒸発圧力をほぼ一定に保つ．

ハ．蒸発器の容量に対して，膨張弁容量が過大であると，冷媒流量と過熱度が周期的に変動するハンチングが生じやすくなる．

ニ．膨張弁から蒸発器に至るまでの圧力降下が大きい装置には，内部均圧形温度自動膨張弁を使用する．

(1) ハ　　(2) イ, ロ　　(3) イ, ハ
(4) ハ, ニ　(5) ロ, ハ, ニ

解答と解説

イ．温度自動膨張弁の感温筒内の冷媒が漏れると，感温筒内の圧力が低下，感温筒内の温度が低下したのと同じ状態となり，膨張弁は**閉じる方向**に作動します．そして冷えなくなります．なお，感温筒が冷媒配管から外れると膨張弁は開く方向に作動します．【イ：×】

ロ．定圧自動膨張弁は，蒸発圧力が設定値より低くなると弁が**開き**，設定値より高くなると弁が**閉じて**，蒸発圧力をほぼ一定に保つように作動します．【ロ：×】

ハ．蒸発器の容量に対して膨張弁容量が過大であると，膨張

弁の開閉による冷媒流量の増減が大きいため，冷媒流量と過熱度が周期的に変動する**ハンチング**が生じやすくなります．【ハ：○】

ニ．膨張弁から蒸発器出口に至るまでの圧力降下が大きい装置に**内部均圧形**温度自動膨張弁を使用すると，誤差が生じ適切な過熱度の制御ができません．圧力降下が大きい装置には，**外部均圧形**温度自動膨張弁を使用します．【ニ：×】

これより，正しいものは，ハ．

正解：(1)

【問題2】 次のイ，ロ，ハ，ニの記述のうち，自動制御機器について正しいものはどれか．

イ．キャピラリーチューブは，固定絞りであるが，蒸発器出口冷媒の過熱度の制御もできる．

ロ．吸入圧力調整弁は，主として圧縮機駆動用電動機の過負荷防止の目的に使用される．

ハ．凝縮圧力を所定の圧力以下に保持するために，空冷凝縮器入口に凝縮圧力調整弁を取り付ける．

ニ．蒸発圧力調整弁により，圧縮機駆動用電動機の過負荷を防止できる．

(1) イ　　(2) ロ　　(3) ニ　　(4) ロ，ハ　　(5) ハ，ニ

解答と解説

イ．キャピラリーチューブは，固定絞りで，蒸発器出口冷媒の過熱度の制御はできません．【イ：×】

ロ．吸入圧力調整弁によって，圧縮機の吸込み圧力を設定値以下にしており，主として圧縮機駆動用電動機の過負荷防

止の目的に使用されています.【ロ：○】

ハ．冬季に，空冷凝縮器の凝縮圧力が所定の圧力以下にならないように，空冷凝縮器の**出口**に凝縮圧力調整弁を取り付けます．【ハ：×】

ニ．蒸発圧力調整弁は，蒸発温度の異なる複数の蒸発器を持つ冷凍装置に用いられ，蒸発温度の高い蒸発器の出口に取り付け，蒸発圧力が設定値以下とならないように調整するものです．したがって，圧縮機駆動用電動機の過負荷を防止できません．【ニ：×】

これより，正しいものは，ロ．

正解：(2)

【問題3】 次のイ，ロ，ハ，ニの記述のうち，自動制御機器について正しいものはどれか．

イ．高圧遮断圧力スイッチは，一般に自動復帰式を用いる．

ロ．油圧保護圧力スイッチは，圧縮機の潤滑圧力が異常に高圧になることを防止するために用いる．

ハ．ガスチャージ方式の温度自動膨張弁は，弁本体のダイヤフラム受圧部温度を，感温筒温度よりも高くしなければならない．

ニ．空冷凝縮器を使用する冷凍装置で冬季に冷却不良が起こった．これは温度自動膨張弁の容量が大きすぎるためである．

(1) イ　　(2) ハ　　(3) イ, ロ　　(4) ロ, ハ　　(5) ハ, ニ

解答と解説

イ．高圧遮断圧力スイッチが作動するのは，凝縮圧力が上昇したためで，その原因を探り対策を講じる必要があります．このため，自動復帰式ではなく**手動復帰式**を用いなければ

なりません．【イ：×】

ロ．油圧保護圧力スイッチの目的は，圧縮機の潤滑油圧力が低下し，軸受などの焼損を防止するための保護スイッチであって，油圧が高くなった場合に動作するスイッチではありません．【ロ：×】

ハ．ガスチャージ方式は，感温筒の内容積は小さくガスの封入量も少ないため，弁本体のダイヤフラム受圧部温度を，感温筒温度よりも高くして使用しなければなりません．【ハ：○】

ニ．冬季は外気温度が低くなり凝縮圧力が低下し，蒸発圧力との差が小さくなり，膨張弁を通過する冷媒流量が減少し，冷却不良が起こります．しかし，温度自動膨張弁の容量が大きいと冷媒循環量が多くなるので，誤りとなります．【ニ：×】

これより，正しいものは，ハ

正解：(2)

どうでしたか．自動制御装置はよく似た用語が出てきますから，混同しないように頭の中をよく整理しておいて下さい．3問とも正解の方はバッチリですよ．ちょっと一休みして下さい．おしくも不正解の方は，間違えた箇所をもう一度復習してから一休みして下さい．

ここでちょっと一休みしましょう

前コーナーではちょっとあやしい（？）"反則受験テクニック"を紹介しましたが，今回は"正当な受験テクニック"をお教えします．これで皆さんの合格率は，上昇すること間違

いないでしょう！？

　さて，皆さんが目指す３冷試験が，五肢択一式マークシート方式であることは既にご承知だと思います．全く問題が分からなくても20パーセントの正解率があることも前回お話しました．仮に選択肢が五つではなく四つならば，正解率が25パーセントとなり，三つなら33パーセント，二つなら50パーセントと正解率が上昇していくことが分かります．

　しかし，現実の試験では，五つの選択肢がありますので，自分で何とかして３択や２択にする必要があるのです．そうすれば，その問題の正解率がぐっと高くなるはずです．

　現実の問題からちょっと考えてみましょう．

【問題】　次のイ，ロ，ハ，ニの記述のうち，正しいものはどれか．

イ．日本の首都は，東京である．
ロ．ナイジェリアの首都は，アブジャである．
ハ．アメリカの首都は，ニューヨークである．
ニ．カザフスタンの首都は，タシケントである．

　(1) イ，ロ　　(2) イ，ハ　　(3) イ，ロ，ニ
　(4) ロ，ハ　　(5) ハ，ニ

　この問題をイから順にニまでを解いて，その後正解を(1)～(5)から選択する方法では，5択そのものです．そこで，問題文のイ～ニの中で，自分が自信のある問題つまり，イは絶対○，ハは絶対×，ロとニは？（分からない），などと選択肢の前に印をします．すると，この条件に合う選択番号は，(2)，(4)，(5)はハがあるため消えて，(1)と(3)の二つしか該当しなくなります．つまり，5択が2択になったことを意味している

のです．そして，(1)と(3)の二つをよく見比べると，ニがあるかないか，つまりニが○か×かになることが分かると思います．ニの問題文が分からなければ，正解になるとは限りませんが，少なくとも2択ですから正解率は50パーセントあり，5択の20パーセントよりはずっと高くなります．

問題によっては，3択にしかならないときもありますが，5択よりはいいですよね．考えてみれば当たり前のことをやっているだけなのですが，知っていて損なことはないと思います．

ここで，この方法を補う重要なこと，それは本書や問題集に記述されていたことを確実に記憶していることが挙げられます．これは本手法の前提として，ある問題文が○か×を確実に判定しなければならないためで，あやふやな記憶でたくさん覚えていても判定はできません．少しずつ確実に分かる問題を増やすことが必要なのです．

現実の社会や実務に従事された場合は，知識として多少あやふやなことでも知らないよりは良いこともあるかと思いますが，3冷などの国家試験では，知識は多いに越したことはありませんが，少しでもいいから，確実に記憶していることが重要となることが多いと思います．

皆さんも，第1目標は合格であって，100点を取らなくても合格できます．分からないことは分からないと割り切って，確実に理解できる問題をしっかりと勉強する姿勢が大事です．分からないことは合格後に，ゆっくりと考えましょう．

"正当な受験テクニック"の心得

― 確実に分かる問題を増やせ．
― 確実に分かる問題から選択肢を減らせ．

少しずつ
確実に
覚えよーっと♥
冷媒…
わかんない
もんは
アキラメも
肝心よ！
3冷
冷凍機
とは…

あれが、
これは、
……??
なやめ～
まよえ～
むずかし～
頭の中
グチャグチャ
だ～～
必勝
テキスト
テキスト
テキスト

第8章 安全装置

高圧遮断装置
安全弁
溶栓
破裂板
ガス漏えい検知警報装置

について学ぼう

　冷凍装置は，高圧の冷媒ガスを保有しており，一度事故が起きればその被害はとても大きくなります．このため，事故や災害を未然に防止するため，安全装置を取り付ける必要があります．冷凍装置の主な安全装置としては，高圧遮断装置，安全弁，溶栓などがあります．

8.1　高圧遮断装置

　高圧遮断装置は，7章の自動制御機器で説明した高圧圧力スイッチのことで，高圧圧力が異常に上昇したとき作動し，圧縮機駆動用電動機を停止して，圧力の上昇を防止する装置です．

ここが重要！ 　高圧遮断装置の**作動圧力**は，冷凍保安規則関係例示基準（例示基準）8・11・2により"**安全弁の吹始め圧力の最低値以下の圧力で，かつ，高圧部の許容圧力以下に設定**"しなければなりません．また，高圧遮断装置は原則として，例示基準8・14・3により**手動復帰式**にします．ただし例外として，10冷凍トン未満のフルオロカーボン冷媒でユニット式で，危険の恐れのないものは**自動復帰式**でもよいことになっています．

8.2 安全弁

　　安全弁とは，圧縮機や容器などの圧力が設定値以上に上昇したとき，自動的に弁が開き容器内の高圧ガスなどを放出し，圧力が設定値以下になれば弁が閉じて，異常な圧力上昇を防止します．

　　例示基準8・2・(1)により**20冷凍トン以上の圧縮機**（遠心式圧縮機を除く）と，例示基準8・2・(2)により**内容積500リットル以上の圧力容器**（凝縮器や受液器など）には，この安全弁を取り付けることが義務づけられています．

> **ここが重要！** **圧縮機**に取り付ける安全弁の最小口径 d_1〔mm〕は，
>
> $$d_1 = C_1\sqrt{V_1}$$
>
> ただし，V_1：標準回転速度における1時間当たりのピストン押しのけ量〔m³/h〕
>
> 　　　　C_1：冷媒の種類による定数

　　これより，圧縮機の安全弁の最小口径 d_1〔mm〕は，ピストン押しのけ量の平方根（ルート）に正比例し，冷媒の種類に応じて決まることが分かります．

> **ここが重要！** **圧力容器**に取り付ける安全弁の最小口径 d_3〔mm〕は，
>
> $$d_3 = C_3\sqrt{D \cdot L}$$
>
> ただし，D：容器の外径〔m〕
>
> 　　　　L：容器の長さ〔m〕
>
> 　　　　C_3：冷媒の種類ごとに高圧部，低圧部に分けて決められた定数

　　これより，圧力容器の安全弁の最小口径 d_3〔mm〕は，容器の外径〔m〕と長さ〔m〕の積の平方根に正比例し，冷媒の種類，高圧部と低圧部によって決まることが分かります．

　　安全弁の放出管は，安全弁の口径以上で噴出したガスが第

三者に危害を与えないこと，アンモニアでは除害設備を設けること，フルオロカーボンでは，冷規としては定められていませんが，各都道府県条例に基づき，酸欠の恐れがないようにとそれぞれ規制があります．

8.3 溶栓

ここが重要！ 溶栓は，**内容積500リットル未満**のフルオロカーボン用シェル形凝縮器や受液器などに取り付けます．可燃性，毒性ガスの**アンモニア等では使用できません**．

安全弁が圧力で作動するのに対し，溶栓は**温度を検知**して圧力上昇を防止しています．また，溶栓は圧縮機吐出しガスで加熱される高温部分や水冷凝縮器の冷却水で冷却される部分などの**冷媒温度**が正確に感知できない場所に取り付けてはいけません．

溶栓の溶融温度は **75℃以下**で，その口径は容器の安全弁の最小口径 d_3〔mm〕の 1/2 以上となっています．

8.4 破裂板

破裂板は，大口径で構造が単純ですが，高い圧力には使用されません．安全弁と同様，圧力で作動しますが，一度噴出すると溶栓同様，大気圧まで止まらないため，可燃性，毒性ガスの**アンモニア等では使用できません**．

8.5 ガス漏えい検知警報装置

ガス漏えい検知警報装置は，可燃性または毒性ガス（アンモニア等）の製造施設で，漏えいしたガスが滞留する恐れのある場所に設置します．また，アンモニアのランプ点灯の警報設定値は 50ppm 以下，警告音は屋外 100ppm，屋内 200ppm 以下で発します．アンモニアは空気よりも軽いため，検出部は上

方部に設置する必要があります．（1ppm＝1000000分の1）

冷媒ガスが空気中に漏えいしたとき，人間が障害などを受けない濃度を**限界濃度**〔kg/m^3〕といい，その値はアンモニアの場合，危険性が高いためフルオロカーボン（約 0.3kg/m^3）に比べかなり低い値（約 0.00035kg/m^3）となっています．

8.6　液封

　液封とは，凝縮器から受液器，膨張弁に至る冷媒液配管中において，その両端が止め弁などで封鎖されたとき，周囲からの熱によって配管内部の冷媒液が熱膨張し，著しく高圧となり，配管や弁などが破壊，破裂する現象のことをいいます．

　液封の多くは弁の操作ミスが原因で，液封事故を防止するのには，弁操作に十分注意し，液封の起こる恐れのある箇所には，前述した安全弁や圧力逃がし装置を設置する必要があります．ただし，銅管および外径26mm未満の鋼管は除きます．

これを暗記

❶ 安全装置には，高圧遮断装置，安全弁，溶栓，破裂板および圧力逃がし装置がある．
　警報装置にはガス漏えい検知警報装置がある．

❷ 圧縮機用安全弁の最小口径 $d_1 = C_1\sqrt{V_1}$．
　圧力容器用安全弁の最小口径 $d_3 = C_3\sqrt{D \cdot L}$．

❸ 溶栓の口径は安全弁の口径 d_3 の 1/2 以上で，アンモニアには使用できない．

　それでは，練習問題で安全装置の理解を深めてください．

練習問題にチャレンジ

【問題1】 次のイ，ロ，ハ，ニの記述のうち，安全装置について正しいものはどれか．

イ．10冷凍トン未満のR22ユニット式冷凍装置の高圧遮断装置は，運転と停止が自動的に行われても危険の恐れのないものに対しては，自動復帰式でもよい．

ロ．液封のおそれのある部分に取り付ける圧力逃がし装置として，溶栓を取り付けた．

ハ．圧縮機に取り付けるべき安全弁の最小口径は，圧縮機のピストン押しのけ量によって定まり，使用する冷媒の種類には関係しない．

ニ．円筒胴圧力容器に取り付ける安全弁の最小口径は，容器の内容積の平方根に正比例する．

(1) イ　　(2) ロ　　(3) ハ　　(4) ニ　　(5) ハ，ニ

解答と解説

イ．10冷凍トン未満のフルオロカーボン冷媒（R22など）でユニット式冷凍装置の高圧遮断装置は，運転と停止が自動的に行われても危険の恐れのないものに対しては，自動復帰式にできることとなっています．【イ：○】

ロ．溶栓は，温度を感知して**一定温度以上**になると溶解するものであって，圧力に対しての保護装置ではありません．【ロ：×】

ハ．圧縮機に取り付けるべき安全弁の最小口径 d_1 は，圧縮機のピストン押しのけ量 V_1 と，使用する冷媒の種類の定数 C_1 によって定まります．【ハ：×】

ニ．圧力容器に取り付ける安全弁の最小口径 d_3 は，容器の内容積ではなく，**容器の外径 D と長さ L の積**の平方根に正比例します．【ニ：×】

これより，正しいものは，イ．

正解：(1)

【問題2】 次のイ，ロ，ハ，ニの記述のうち，安全装置について正しいものはどれか．

イ．液封による事故を防止するために，低圧液配管に安全弁を取り付けた．

ロ．圧縮機の吸込み側に取り付ける低圧圧力スイッチの「入」「切」の圧力差を極端に小さい値にすると，冷凍装置の故障の原因となる．

ハ．溶栓は，温度によって作動する安全装置であるので，圧縮機吐出しガス温度が正しく感知できる位置に取り付ける．

ニ．アンモニアを冷媒とする冷凍装置の安全装置として破裂板を取り付けた．

(1) イ　　　(2) イ，ロ　　　(3) イ，ハ
(4) ロ，ハ　　(5) ハ，ニ

解答と解説

イ．液封による弁や配管の破壊などの事故を防止するため，銅管および外径26mm未満の鋼管以外には，安全弁，破裂板又は圧力逃がし装置を取り付けます．【イ：○】

ロ．圧縮機の低圧圧力スイッチの「入」「切」の圧力差（ディファレンシャル）を極端に小さい値にすると，起動停止を繰り返すため，冷凍装置の故障の原因になります．【ロ：○】

ハ．溶栓は，温度によって作動する安全装置であって，冷媒

の液温度が正しく感知できる位置に取り付けます．したがって，高温の吐出しガスや冷却水で冷却される部分に付けてはいけません．【ハ：×】

ニ．アンモニアなどの可燃性や毒性のガスを冷媒とする冷凍装置の安全装置には，溶栓や破裂板は使用できません．【ニ：×】

これより，正しいものは，イ，ロ．

正解：(2)

【問題3】 次のイ，ロ，ハ，ニの記述のうち，安全装置について正しいものはどれか．

イ．高低圧圧力スイッチは，高圧遮断用と低圧遮断用の圧力スイッチを組合わせたものであり，電動機の過負荷防止に用いる．

ロ．安全弁は異常高圧が発生したとき，直ちに作動させる安全装置であるから，高圧圧力遮断装置が作動する前にガスが吹き始めるように，吹始め圧力を設定する．

ハ．安全弁には，それの吹始め圧力を表示しなければならない．

ニ．アンモニアガスの漏えい検知警報設備のランプ点灯の警報設定値は 50ppm 以下である．

(1) イ，ロ　　(2) ロ，ニ　　(3) ハ，ニ
(4) イ，ハ，ニ　(5) ロ，ハ，ニ

解答と解説

イ．高低圧圧力スイッチは，高圧遮断用と低圧遮断用の両方の圧力スイッチを組合わせたもので，それぞれの設定圧力に達すると圧縮機を停止させますが，電動機の過負荷防止用ではありません．【イ：×】

ロ．高圧が発生した場合，まず高圧圧力遮断装置を作動させ

て圧縮機を停止させます．安全弁は，高圧圧力遮断装置が設定圧力に達しても作動しない場合に作動させる安全装置です．ですから，安全弁の吹始め圧力は高圧圧力遮断装置の設定値以上に設定します．【ロ：×】

ハ．冷凍保安規則の例示基準より，"安全弁は，作動圧力を試験し，そのときの吹始め圧力を容易に消えない方法で本体に表示してあるもの"となっています．【ハ：○】

ニ．アンモニアなどの可燃性または毒性ガスの漏えい検知警報設備のランプ点灯の警報設定値は50ppm以下です．【ニ：○】

これより，正しいものは，ハ，ニ．

正解：(3)

第9章 配管

冷媒配管
配管材料

について学ぼう

　配管とは，各機器を流体で結ぶ管やその管を配置することを指します．冷媒配管とは，冷凍設備のうち冷媒ガスが通る各機器を結ぶ配管のことで，この配管の中を冷媒液や冷媒蒸気（ガス）が通ります．冷媒配管は，特殊な性質がある冷媒が通るため，一般の水道用配管などとは異なり，冷媒の特徴に合わせた配管材料や止め弁，フランジ等を使用する必要があります．

　冷媒配管は，冷凍サイクル上重要な役目を持っており，配管の設計不良が冷凍能力などに大きく影響し，また配管の施工不良は，冷凍能力の低下だけでなく事故や災害を起こす危険もありますので，十分注意する必要があります．

9.1　冷媒配管

　図9-1を見てください．冷媒配管は冷凍サイクルの区分に応じて，次の四つに分けられます．

ここが重要！

① 高圧・蒸気：圧縮機→凝縮器（高圧冷媒ガス配管：吐出し管）

② 高圧・液　：凝縮器→受液器→膨張弁（高圧液管）

③ 低圧・湿り蒸気 ：膨張弁→蒸発器（低圧液管）
④ 低圧・蒸気：蒸発器→圧縮機（低圧冷媒ガス配管：吸込み管）

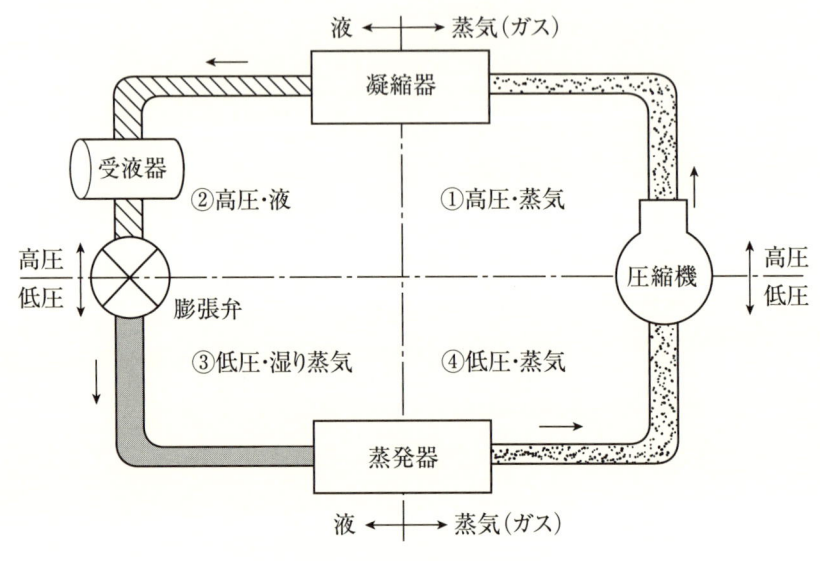

図9-1 冷媒配管の区分

冷媒配管の基本事項として，
・水平な配管（横走り管）は，冷媒の流れの方向に1/150〜1/250の下り勾配をつける．
・不必要なUトラップは設けない．（特に吸込み管では，停止時または軽負荷運転時に油や冷媒液が溜まって，始動時または，軽負荷運転から全負荷運転になると，液戻りが生じて液圧縮の危険性が生じ，トラブルの原因となる．）
① 高圧冷媒ガス配管（吐出し管）
圧縮機から吐出される冷媒ガスには，潤滑油が含まれているので，確実に冷媒ガスとともに流れるように流速を確保しなければなりません．適切な流速は,横走り管で3.5m/s以上,

立ち上がり管で 6m/s 以上とされています.

　また，過大な圧力降下や流体騒音の発生を防止するため，一般的に 25m/s 以下とするのがよいとされており，これに見合った配管径を求めます．

　②　高圧液冷媒配管（高圧液管）

　受液器から膨張弁の高圧液管は，フラッシュガスの発生を防止するため，流速を小さくし，圧力損失を少なくする．液管の流速は 1.5m/s 以下とし，圧力損失は 20kPa 以下になるような管径とします．

ここが重要！　**フラッシュガス**は，飽和温度以上に高圧液管が温められると発生するため，液管の周囲温度が高い場合，液管を防熱（保温）します．液管の立ち上がりが大きい場合，圧力降下が大きくなるため，フラッシュガスが発生しやすくなります．また，液ガス熱交換器を設置すると，過冷却度が大きくなり，フラッシュガス発生を防止できます．

　凝縮器と受液器を結ぶ液落とし管は，その管での液の流速を 0.5m/s 以下として，液落とし管自身を均圧管とするか，または，均圧管を設け受液器に液が流下しやすくします．

　③　低圧液冷媒配管（低圧液管）

　膨張弁出口では，p–h 線図上で断熱圧縮となり，熱の出入りなしに一部の冷媒が蒸発し，自己冷却され低圧の湿り蒸気となります．蒸発器に入った冷媒は，周囲から熱を受け入れ，蒸発が進みます．

　④　低圧冷媒ガス配管（吸込み管）

　蒸発器から圧縮機の吸込み管は，冷媒ガス中に含まれている油が，最小負荷時でも圧縮機に戻るガス速度とします．その流速は，横走り管では 3.5m/s 以上，立ち上がり管では 6m/s 以上となる管径とします．吸込み管には，結露や着霜

を防止するため防熱をします．

　フルオロカーボン冷凍装置では，アンロード時（軽負荷）の油戻り対策として，立ち上がり管を2本設けた**二重立ち上がり管**を用いてガス速度を適切に保持しています．

　横走り管にUトラップがあると，そこに油や冷媒液が溜まり，圧縮機の再始動時などに**液圧縮**（リキッドハンマ）の恐れがあるので，トラップを避けるようにします．

9.2　配管材料

　冷媒の種類に応じた材料を選択します．

　アンモニア冷媒では，銅および銅合金を使用してはいけないので，**鋼管**が使用されます．

　フルオロカーボン冷媒では，2%を超えるのマグネシウムを含有したアルミニウム合金を使用してはいけないので，銅管や鋼管が使用されます．

これを暗記

❶　冷媒配管には，吐出し管，高圧液管，低圧液管，吸込み管の四つがある．

❷　フラッシュガスは，高圧液管の温度上昇や圧力降下が大きいとき発生しやすい．

❸　横走り管にUトラップがあると，液圧縮（リキッドハンマ）の恐れがある．

　それでは，練習問題で冷媒配管の理解を深めてください．

練習問題にチャレンジ

【問題1】 次のイ，ロ，ハ，ニの記述のうち，配管について正しいものはどれか．

イ．高圧液管内にフラッシュガスが発生すると，冷凍能力が減少する．

ロ．横走り吸込み配管の途中にUトラップがあると，そこに冷媒液や油がたまり，圧縮機始動時の液圧縮の原因となる．

ハ．高圧液配管で大きな立ち上がりがなければ，配管途中で加熱される部分があっても，フラッシュガスが発生する可能性はない．

ニ．吸込み蒸気管は，圧縮機から凝縮器に至る配管である．

(1) ロ　　(2) イ，ロ　　(3) イ，ハ
(4) イ，ニ　　(5) ロ，ハ

解答と解説

イ．高圧液管内にフラッシュガスが発生すると，膨張弁を通過する冷媒量が減少し，冷凍能力が減少します．【イ：○】

ロ．横走り吸込み配管の途中にUトラップがあると，停止時や軽負荷時に冷媒液や油が溜まり，圧縮機始動時または，軽負荷運転時から全負荷運転になった際，液圧縮の原因になります．【ロ：○】

ハ．フラッシュガスの発生原因は，液管が加熱されるとき，液管での圧力降下が大きいときの2種類があります．高圧液配管で大きな立ち上がりがなくても，配管途中で加熱される部分があると，フラッシュガスが発生する可能性があります．【ハ：×】

ニ．吸込み蒸気管は，**蒸発器から圧縮機**に至る配管のことです．【ニ：×】

これより，正しいものは，イ，ロ．

正解：(2)

【問題2】 次のイ，ロ，ハ，ニの記述のうち，配管について正しいものはどれか．

イ．高圧液配管で長い立ち上がり管があっても，防熱施工が十分であればフラッシュガスが発生することはない．

ロ．凝縮器が圧縮機よりも高い位置にある場合には，吐出し管は冷媒液や油が逆流しないように，いったん立ち上がりを設けてから下がり勾配をつける．

ハ．アンモニア冷凍装置の配管に銅管は使用できないが，銅合金管は使用できる．

ニ．冷媒蒸気の横走り管は，冷媒の流れ方向に1/150〜1/250の下がり勾配をつける．

　(1) ロ　　　(2) イ，ニ　　　(3) ロ，ニ
　(4) ハ，ニ　(5) ロ，ハ，ニ

解答と解説

イ．高圧液配管で長い立ち上がり管があると，防熱施工が十分であっても，配管の上部では圧力降下が生じ，フラッシュガスが発生する場合もあります．【イ：×】

ロ．このとおりです．【ロ：○】

ハ．アンモニア冷凍装置の配管に銅及び銅合金は使用できません．【ハ：×】

ニ．冷媒蒸気の横走り管は，冷媒の流れ方向に対して1/150

～1/250の下がり勾配をつけます．【ニ：○】

これより，正しいものは，ロ，ニ．

正解：(3)

【問題3】 次のイ，ロ，ハ，ニの記述のうち，配管について正しいものはどれか．

イ．吐出し配管は，抵抗を小さくするためできるだけ太くするほうがよい．

ロ．膨張弁手前の液管のストレーナが目詰まりすると，受液器に十分な液があっても冷凍能力は低下する．

ハ．容量制御装置を持つフルオロカーボン多気筒圧縮機では，圧縮機への油戻りをよくするため，二重立ち上がり管を設けることがある．

ニ．アンモニア冷凍装置では，液配管の途中に冷媒乾燥器を取り付けて，液中の水分を取り除かねばならない．

(1) イ，ロ　　(2) イ，ハ　　(3) ロ，ハ
(4) ロ，ニ　　(5) ハ，ニ

解答と解説

イ．吐出し配管の管径は，配管抵抗（圧力損失）と，油戻りを考えたガス流速を考慮し，横走り管で3.5m/s以上，立ち上がり管で6m/s以上で，上限は25m/s以下になるよう配管径を決定する必要があります．【イ：×】

ロ．膨張弁手前の液管のストレーナが目詰まりすると，抵抗が大きくなり，冷媒循環量が減少して，受液器に十分な液があっても冷媒が流れず，冷凍能力は低下します．【ロ：○】

ハ．アンロード装置がある多気筒圧縮機の冷凍装置では，二

重立ち上がり管を設けて，軽負荷時の圧縮機への油戻りが確保できるようにしています．【ハ：○】

ニ．フルオロカーボン冷凍装置では，液配管の途中に冷媒乾燥器（ドライヤ）を取り付けて液中の水分を取り除きますが，アンモニアでは，取り付けません．【ニ：×】

これより，正しいものは，ロ，ハ．

正解：(3)

どうでしたか．よく整理してから，次にお進み下さい．

流量が同じでも、管径が異なると……

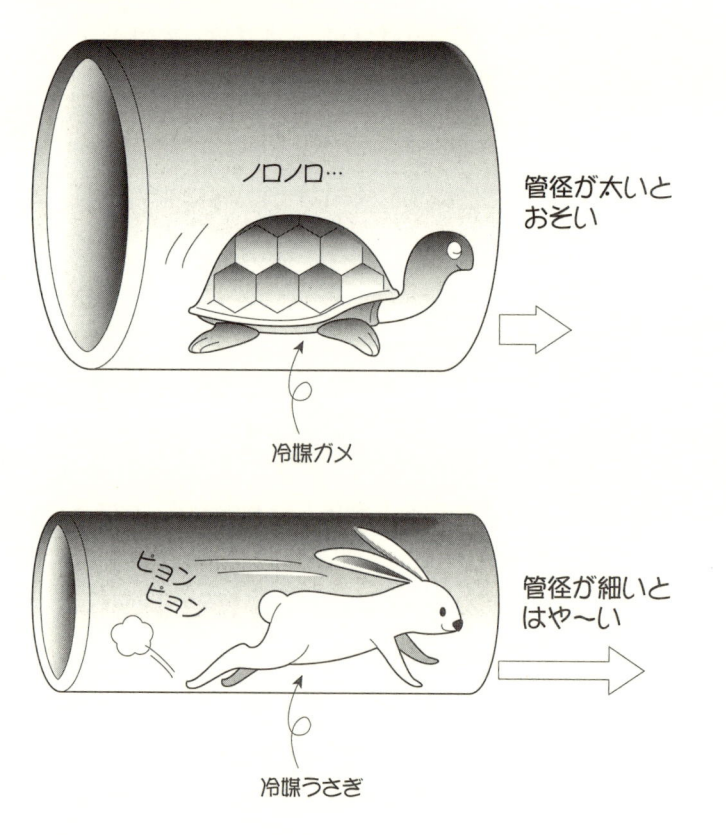

ノロノロ…

管径が太いとおそい

冷媒ガメ

ピョンピョン

管径が細いとはや〜い

冷媒うさぎ

第10章 強度

圧力容器の応力
圧力容器の材料
圧力容器の強度

について学ぼう

　冷凍装置では，冷媒高圧部に凝縮器，受液器低圧部に蒸発器などが使用されていますが，これらは一般に圧力容器と呼ばれています．圧力容器とは，内部や外部から液体あるいは気体の圧力を受ける密閉された容器のことです．この圧力容器は，その安全を確保するため，強度や試験法等について高圧ガス保安法などで法的に厳しく規制されています．

　圧力容器などの強度の学習を本格的にするには，材料力学や材料，機械設計等，難しい数式などを勉強する必要がありますが，3冷試験の出題範囲では，ほとんど数式は出題されませんので，3冷合格を目指す皆さんは，安心して学習してください．ただし，2冷，1冷を目指す方は，数式も含めて学習するようにして下さい．

　本章では，圧力容器の強度を中心にお話しします．

10.1　圧力容器の応力

　今，図10-1に示すような断面積 A 〔mm²〕の棒を，力 F 〔N〕（ニュートン）で両側から引っ張っているとします．このとき，この棒の**応力** σ（シグマ）は，$\sigma = F/A$ で表され，単

位は，N/mm² です．断面積を m² で表した N/m² は Pa（パスカル）です．したがって，$1×10^6$〔Pa〕=1〔MPa〕（メガパスカル）ですから，1〔N/mm²〕=$1×10^6$〔N/m²〕=1〔MPa〕となります．また，この棒のように引っ張るときにかかる応力を**引張応力**と呼び，反対に縮めるときの応力を**圧縮応力**と呼びます．

図 10-1 応力，ひずみ

応力：$\sigma=\dfrac{F}{A}$

ひずみ：$\varepsilon=\dfrac{\Delta l}{l}$

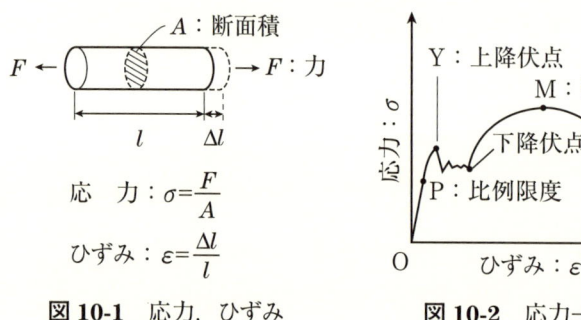

図 10-2 応力-ひずみ線図

Y：上降伏点
M：引張強さ
下降伏点
P：比例限度
T：破断強さ

この棒のように材料が引っ張られると，その材料は伸びます．簡単に言えば，ゴムひもを両手で引っ張った状態です．金属は，人間の力ではゴムのように大きくは伸びませんが，試験器などの大きな力で引っ張りますと伸びるのが分かります．最初の棒の長さを l，棒を引っ張って Δl だけ伸びたとすると，**ひずみ ε**（イプシロン）は，$\varepsilon=\Delta l/l$ と表され，ひずみは伸びる割合を表しています．

この棒の材料が軟鋼の場合，棒に発生する応力 σ とひずみ ε の関係を示したのが，図 10-2 の**応力－ひずみ線図**です．O 点から徐々に応力を増加すると，応力とひずみの関係が直線つまり，正比例している限界（P 点）の応力が，比例限度です．P 点を越え Y 点に達すると急激に応力が低下し，ひずみがほぼ一定の応力で増加します．この Y 点の応力を上降伏点と呼びます．その後，再び応力が増し，最高応力の

M点に達します．この点の応力を**引張強**さ（ひっぱりづよ）と呼びます．そして，棒にくびれが生じ応力が低下し，ついにT点で破断します．

圧力容器では，その材料にかかる応力をM点ぎりぎりに設計することは，とても危険ですから余裕を考慮して安全をみなければなりません．そこで，一般に安全率を **4，引張強さの 1/4 の応力を許容引張応力**として，これ以下となるように設計します．

10.2　圧力容器の材料

JIS（ジス）規格では，材料記号が決められています．冷凍装置に使用される代表的な記号は，FC：ねずみ鋳鉄，SS：一般構造用圧延鋼材，SM：溶接構造用圧延鋼材，SGP：配管用炭素鋼鋼管，STPG：圧力配管用炭素鋼鋼管などがあります．

また，圧力容器に使用されるSM400Bでは，材料記号SMの後の数字（400）が，最小引張強さを示すので $400\text{N}/\text{mm}^2$ となり，許容引張応力は，$1/4 \times 400 = 100 \ [\text{N}/\text{mm}^2]$ となります．

10.3　圧力容器の強度

圧力容器は，普通円筒形をしており，円の形をしている円筒胴と両端を覆う鏡板からなっています．これらの板材は，曲げ加工と溶接によって作られます．円筒胴にかかる応力は，図10-3に示す接線方向応力と図10-4に示す長手方向応力の二つがあります．

これより，内圧 P〔MPa〕，内径 D〔mm〕，円筒胴の長さ l〔mm〕，肉厚 t〔mm〕とすると，接線方向応力 σ_t は，

$$\sigma_t = \frac{PDl}{2tl} = \frac{PD}{2t} \text{[N/mm}^2\text{]} \text{[MPa]}$$

となります。また、長手方向応力 σ_l は、

$$\sigma_l = \frac{P(\pi D^2/4)}{\pi Dt} = \frac{PD}{4t} \text{[N/mm}^2\text{]} \text{[MPa]}$$

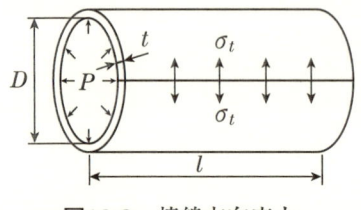

図10-3 接線方向応力　　　　　**図10-4** 長手方向

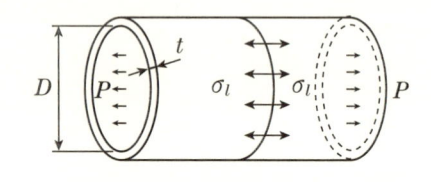

ここが重要！ これより、円筒胴の接線方向の引張応力 σ_t は、長手方向の引張応力 σ_l の2倍になっていることが分かります。

実際には、設計圧力 P、許容引張応力 σ_a、内径 D、溶接継手の効率 η および腐れしろ α より、容器の肉厚 t を計算して求めます。

$$t = \frac{PD}{2\sigma_a \eta - 1.2P} + \alpha \text{[mm]}$$

設計圧力 P は、冷媒の種類、高圧部、低圧部に分けられて決まっています。なお、高圧部設計圧力は基準凝縮温度により異なります。

溶接継手の効率 η（イータ）とは、溶接継手の強度の度合いのことで、1.00～0.45 になります。また、腐れしろ α（アルファ）とは、鋼板などの腐れや磨耗を考慮した厚さのことで、鋳鉄や鋼板では1mm、銅、アルミニウムなどでは0.2mmなどとなっており、腐れしろを計算厚さに加えて、容器の肉厚 t を算出します。

円筒胴と両端を覆う**鏡板の形状**としては、半球形、半だ円

ここが重要! 形, さら形などがあり, この順番で必要な板厚が厚くなります. これは, 半球形が中央部の半径 R が一番小さく, さら形の半径 R が大きいためです(図10-5参照). 一方, 鏡板の隅の丸み半径 r は, 大きいほど応力がかからなくなります. R/r の値が大きいと, 隅の丸みの部分に大きな応力(応力集中)がかかります. つまり, R/r の値が小さくなるようにして, 板厚を薄くし容器を安全にします. なお, 応力集中は, 形状や板厚が急変する部分やくさび形のくびれの先端部などに発生します.

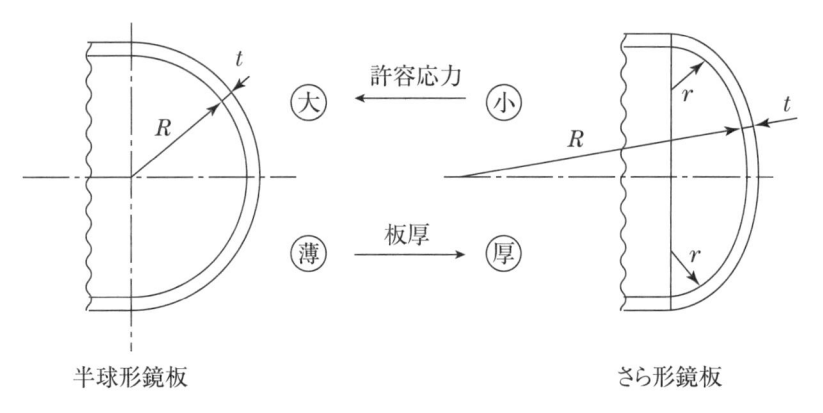

図 10-5 半球形, さら形の鏡板

これを暗記

❶ 許容引張応力は, 引張強さの 1/4.

❷ 接線方向の引張応力 σ_t は, 長手方向の引張応力 σ_l の 2 倍.

❸ 鏡板の板厚は, 中央部の半径 R が小さいほど, 隅(すみ)の丸み半径 r が大きいほど, 薄くなる.

練習問題にチャレンジ

【問題1】 次のイ，ロ，ハ，ニの記述のうち，機器の強度について正しいものはどれか．

イ．円筒胴の長手方向の引張応力は，接線方向の引張応力の2倍である．

ロ．冷凍装置の低圧部の設計圧力は，通常の運転状態で起こりうる最高の蒸発圧力を基準としている．

ハ．冷凍装置の高圧部の設計圧力は，通常の運転状態で起こりうる最高の圧力を基準としている．

ニ．圧力容器に使用される溶接構造用圧延鋼材 SM400B の許容引張応力は，400〔N/mm^2〕である．

(1) イ　　(2) ロ　　(3) ハ　　(4) ロ, ハ　　(5) ハ, ニ

解答と解説

イ．円筒胴の接線方向の引張応力は，長手方向の引張応力の2倍です．【イ：×】

ロ．冷凍装置の低圧部の設計圧力は，停止中に周囲の温度が高い夏季に冷媒が 38～40℃ まで上昇したときの，**冷媒の飽和圧力**を基準としています．【ロ：×】

ハ．冷凍装置の高圧部の設計圧力は，通常の運転状態で起こりうる最高の圧力で，基準凝縮圧力を基準にしています．【ハ：○】

ニ．SM400B の 400 は，**最小引張強さ**を表しますから，許容引張応力は，その 1/4 の 100〔N/mm^2〕です．【ニ：×】

これより，正しいものは，ハ．

正解：(3)

【問題2】 次のイ，ロ，ハ，ニの記述のうち，材料等の強度について正しいものはどれか．

イ．さら形鏡板では，隅の丸みの半径が小さくなるほど，この部分に発生する応力は大きくなる．

ロ．低温脆性とは，鋼材が低温で脆くなる性質をいう．

ハ．応力集中は，形状や板厚が急変する部分やくさび形のくびれの先端部に発生しやすい．

ニ．圧力容器は耐圧試験が実施されているので，装置運転時の冷媒圧力は耐圧試験圧力以下なら差し支えない．

(1) イ，ロ　　(2) ロ，ハ　　(3) イ，ロ，ハ
(4) イ，ハ，ニ　　(5) イ，ロ，ハ，ニ

解答と解説

イ．さら形鏡板では，隅の丸みの半径 r が小さくなるほど，この部分に発生する応力は大きくなります．【イ：○】

ロ．低温脆性（ていおんぜいせい）とは，鋼材が低温で脆（もろ）くなる（粘り強さが低下する）性質をいいます．【ロ：○】

ハ．応力集中は，形状や板厚が急変する部分やくさび形のくびれの先端部などに発生します．【ハ：○】

ニ．冷凍設備は，耐圧試験圧力ではなく，**許容圧力**以下で運転しなければなりません．【ニ：×】

これより，正しいものは，イ，ロ，ハ．

正解：(3)

【問題3】 次のイ，ロ，ハ，ニの記述のうち，冷凍装置の強度について正しいものはどれか．

イ．冷凍装置の高圧部の設計圧力は，冷媒の種類と基準凝縮温度とによって定められている．

ロ．圧力容器の材料にステンレス鋼を使用した場合は，腐れしろを考慮しなくてもよい．

ハ．圧力容器の円筒胴の直径が大きくなるほど，許容圧力は小さくなる．

ニ．溶接構造の円筒形受液器が内圧によって破損するとき，もっとも弱い部分は溶接部とその周辺の熱影響部である．

(1) イ，ハ　　(2) ハ，ニ　　(3) イ，ロ，ニ
(4) イ，ハ，ニ　(5) ロ，ハ，ニ

解答と解説

イ．冷凍装置の高圧部の設計圧力は，冷媒ガスの種類ごとに高圧部または低圧部の別，および基準凝縮温度とによって定められています．【イ：○】

ロ．圧力容器の材料にステンレス鋼を使用した場合，腐れしろは0.2mmです．【ロ：×】

ハ．圧力容器の円筒胴の直径が大きくなるほど，また，胴板の厚さが薄いほど，許容圧力が小さくなります．【ハ：○】

ニ．溶接構造の円筒形受液器が内圧によって破損するとき，もっとも弱い部分は溶接部とその周辺の熱影響部です．【ニ：○】

これより，正しいものは，イ，ハ，ニ．

正解：(4)

どうでしたか．よく整理して，次にお進み下さい．

第11章 圧力試験

耐圧試験
気密試験
真空試験（真空放置試験）

について学ぼう

圧力試験は，圧縮機，凝縮器や受液器などの容器などの強度を確認するための試験です．この試験は，工場などで圧力容器等を製造したときやビルなどの機械室に圧力容器等を設置または改修したときに行います．

ここが重要！ 圧力試験には，**耐圧試験**，**気密試験**，**真空試験**などがあります．

11.1 耐圧試験

耐圧試験とは，容器等の**耐圧強度**の確認試験で，圧縮機，冷媒ポンプ，容器およびその他冷媒設備の配管以外の部分（以下，「容器等」といいます）の組立品またはそれらの部品ごとに行う液圧試験のことです．その方法は，容器の内部の空気を排除して水や油などの液体で満たし，**液圧**を徐々に増加させ耐圧試験圧力まで上昇させます．その最高圧力を1分間以上保った後，耐圧試験圧力の8/10まで降下させます．このとき，継手等の各部の変形や漏れの有無を点検します．

なお，耐圧試験は，次に説明する気密試験の前に行わなければなりません．また，**試験圧力は，設計圧力または，許容**

圧力のいずれか低い方の圧力の **1.5 倍以上の圧力**とします．

　耐圧試験で用いられる圧力計は，2 個以上使用し，文字板の大きさは 75mm 以上，最高目盛は耐圧試験圧力の 1.25 倍以上 2 倍以下のものを使用します．

　耐圧試験で液体が用いられる理由としては，比較的高圧を得ることが容易で，もし試験中に容器等が破壊しても液体が漏れる程度で危険が少ないためです．これに対し気体を用いて容器が破壊した場合は，爆発のような全体破壊を起こし非常に危険なため，液体を用いて試験します．

11.2　気密試験

　初めに耐圧試験を行って，容器等の耐圧強度が確認された後で，気密性能を確認する試験が**気密試験**です．なお，機器等を配管で接続した後に，すべての冷媒系統にもこの気密試験を行います．

> ここが重要！

　気密試験の方法は，**酸素や可燃性，毒性ガス以外の空気や不燃性ガスを使用**し，徐々に**設計圧力または許容圧力のいずれか低い方の圧力**まで上昇させ，漏れのないことを確認します．

　つまり，気密試験圧力は，設計圧力または許容圧力のいずれか低い方の圧力以上の圧力で行います．

　気密試験のガスは，一般に乾燥した空気，窒素ガス，炭酸ガスが用いられますが，**アンモニア装置では化合物が生じるため炭酸ガスを使用してはいけません**．また，圧縮空気を用いる場合は，吐出し空気を 140℃ 以下とします．

　気密試験で用いられる圧力計は，原則として 2 個以上使用し，文字板の大きさは 75mm 以上，最高目盛が気密試験圧力の 1.25 倍以上 2 倍以下のものを使用します．

気密試験の判定は，容器等を気密試験圧力に保った状態で，水中に入れたり，外部に発泡液を塗布し泡の有無で漏れを確認します．この気密試験の気体にフルオロカーボンを使用した場合は，ガス漏れ検知器で容易に漏れを検知することができます．このガス漏れ検知器には，普通，**ハライドトーチ**，**ハロゲン漏れ検知器**等が用いられます．

　ハライドトーチとは，一種の小型バーナで，加熱された銅板がフルオロカーボンと接触すると緑色に変化する炎色反応を利用したガス漏れ検知器です．エアコンなどの取付け工事を行う人たちは，普通ハライドトーチを持っています．エアコン取付け後，配管の接続部（室外機のフレヤナット付近）の漏れ検知をするのにハライドトーチを使用するのです．炎の色が変化したときは，冷媒（フルオロカーボン）が漏れていますので，ナットの増し締めなどの後，再点検をします．

11.3　真空試験（真空放置試験）

　真空試験や真空乾燥などは，法令で義務付けられているわけではありませんが，微量な漏れやわずかな水分を嫌うフルオロカーボン冷凍装置では，気密試験の後にこの真空試験を実施し，その後試運転を行うことが望ましいのです．

　気密試験では容器などに加圧しましたが，真空試験は内部のガスを抜き，絶対圧力で8kPa程度の真空にします．そして数時間から一晩程度維持し，内部の真空乾燥と微小な漏れの有無を確認します．水分が残っていると，真空度が下降します．乾燥をよくするには加熱するとよいでしょう．

　なお，真空試験には連成計ではなく，マノメータや真空計を用います．

> **これを暗記**
>
> ❶ 圧力試験には，耐圧試験，気密試験，真空試験（真空放置試験）がある．
>
> ❷ 耐圧試験は，水や油の液圧で，設計圧力または許容圧力の低い方の **1.5** 倍以上の圧力で行う．
>
> ❸ 気密試験は，酸素や可燃性，毒性ガス以外の空気や不燃性ガスを設計圧力または許容圧力の低い方の圧力以上の圧力で行う．

　それでは，練習問題で冷凍装置の圧力試験の理解を深めてください．

練習問題にチャレンジ

【問題1】 次のイ，ロ，ハ，ニの記述のうち，冷凍装置の圧力試験について正しいものはどれか．

イ．真空放置試験は，微量の漏れの有無を確認するための試験である．

ロ．気密試験は，設計圧力又は，許容圧力のいずれか低いほうの圧力よりも低い圧力で行う．

ハ．真空乾燥を行うときは，連成計を用いて圧力を測定し，真空状態を数時間以上保つことが必要である．

ニ．耐圧試験は，耐圧強度を確認する試験であるので，自動制御機器を含む冷凍装置全体に対して行う．

(1) イ　　(2) ハ　　(3) イ，ロ　　(4) イ，ハ　　(5) ハ，ニ

解答と解説

イ．真空放置試験（真空試験）は，気密試験後に，微量の漏れの有無を確認するための試験です．【イ：○】

ロ．気密試験は，設計圧力または，許容圧力のいずれか**低い圧力以上の圧力**で行います．【ロ：×】

ハ．連成計では高真空の測定はできないので，真空試験には，連成計ではなく，マノメータや真空計を用います．【ハ：×】

ニ．耐圧試験は，耐圧強度を確認する試験ですが，圧縮機，冷媒液ポンプ，容器等，冷凍装置の**配管以外の部分**に対して行います．誤り．【ニ：×】

これより，正しいものは，イ．

正解：(1)

【問題2】 次のイ，ロ，ハ，ニの記述のうち，冷凍装置の圧力試験について正しいものはどれか．

イ．圧力容器の耐圧試験は，水や油などの圧力で行う液圧試験であるが，昇圧のときに空気が残っていても差し支えない．

ロ．冷凍装置の真空（放置）試験を行うと漏れのあることはよく判るが，漏れ箇所の発見は難しい．

ハ．一般に，空冷凝縮器や空気冷却器に用いるプレートフィンコイル熱交換器は，気密試験だけを実施すればよい．

ニ．耐圧試験圧力は，設計圧力又は，許容圧力のいずれか低いほうの圧力の1.25倍以上の圧力とする．

(1) ロ　　(2) イ，ロ　　(3) イ，ハ　　(4) ロ，ハ　　(5) ロ，ニ

解答と解説

イ．圧力容器の耐圧試験は，**空気を完全に排除**してから，水や油などの圧力で行う液圧試験です．空気が残っていると，容器が破壊したとき，大きな事故となり大変危険です．【イ：×】

ロ．真空（放置）試験は，わずかの漏れも確認できますが，漏れ箇所の発見は難しいです．【ロ：○】

ハ．プレートフィンコイル熱交換器は，容器ではなく，配管として扱われますので，耐圧試験は不要で気密試験だけを実施すればよいのです．【ハ：○】

ニ．耐圧試験圧力は，設計圧力または，許容圧力のいずれか低いほうの圧力の**1.5倍**以上の圧力です．1.25倍ではありません．【ニ：×】

これより，正しいものは，ロ，ハ．

正解：(4)

【問題3】 次のイ，ロ，ハ，ニの記述のうち，冷凍装置の圧力試験について正しいものはどれか．

イ．圧力容器の圧力試験では，容器の漏れの確認のため，気体で気密試験を行い，その後で耐圧試験を行ったほうが安全である．

ロ．気密試験を設計圧力の1.15倍で行った．

ハ．水冷式コンデンシングユニットの場合，ユニット全体の耐圧試験を行う必要がある．

ニ．気密試験に用いるガスは，空気または不燃性ガスとし，酸素や可燃性ガスを用いてはならない．

(1) ニ　　(2) イ，ロ　　(3) ロ，ニ
(4) ハ，ニ　　(5) ロ，ハ，ニ

解答と解説

イ．圧力容器の圧力試験では，容器の耐圧を確認するため，液体で耐圧試験を行い，その後でガス圧で気密試験を行ったほうが安全です．【イ：×】

ロ．気密試験は，設計圧力又は，許容圧力のいずれか低い圧力以上の圧力で行います．設計圧力の1.15倍で行うことは正しいです．【ロ：○】

ハ．容器については耐圧試験を行う必要がありますが，ユニットに組み立て後は，ユニット全体の**気密試験**のみ行う必要があります．【ハ：×】

ニ．気密試験に用いるガスは，空気または不燃性ガスとし，酸素や可燃性ガス，毒性ガスを用いてはいけません．【ニ：○】

これより，正しいものは，ロ，ニ．

正解：(3)

どうでしたか．よく整理して，次にお進み下さい．

〈冷凍君の攻撃法〉

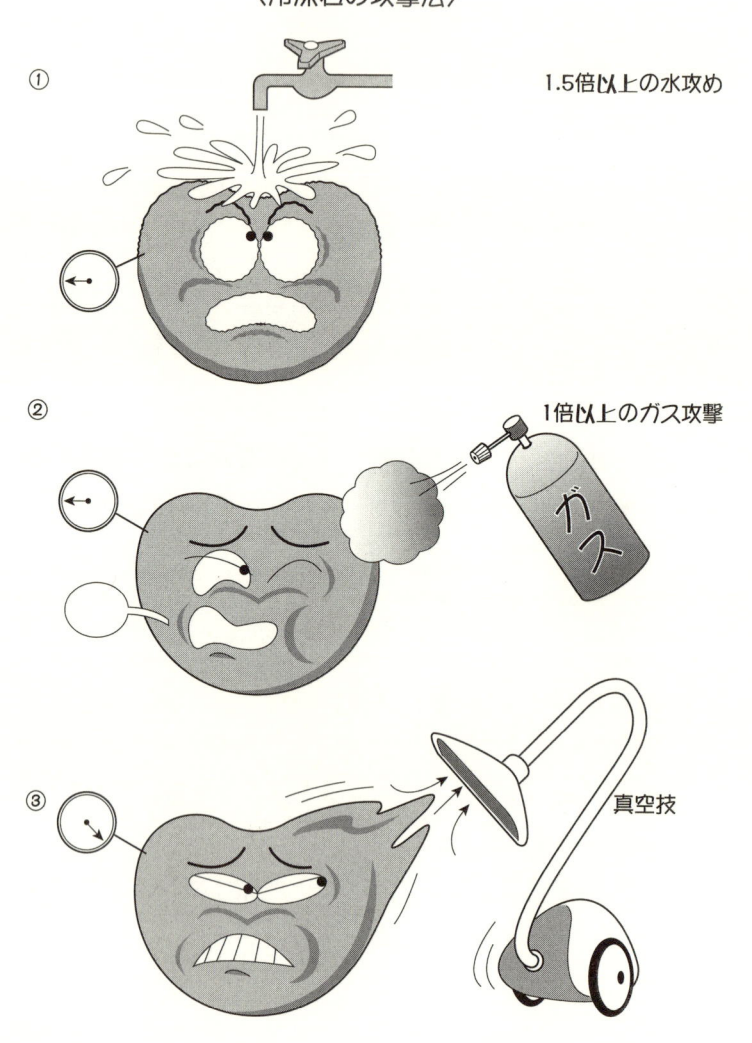

① 1.5倍以上の水攻め

② 1倍以上のガス攻撃

③ 真空技

第12章 運転の状態

について学ぼう

運転状態
各装置の運転時の目安
冷凍装置の不具合

　本章では，冷凍装置の運転状態や運転管理などについて学習します．冷凍装置の正常な状態を勉強し，不具合の原因などを覚えましょう．

12.1　運転状態

　冷凍装置が，異常なく正常な状態で安定して運転されているとき，負荷の増減などがあった場合，次のような運転の状態になります．少しややこしいですが，頭の中を整理しながら理解してみてください．

＊負荷が減少した場合＊

　普通のエアコンが運転している夏の部屋を想像して下さい．外気温度が低くなったり部屋にいる人が減少したとします．外部からの侵入熱量の減少，また人員が減少することによる発熱量の減少に伴い，当然部屋の温度は徐々に下がってきます．このためエアコンの負荷は減少し，蒸発温度が低下します．すると，膨張弁を流れる冷媒流量は減少し，圧縮機の吸込み圧力は低下します．また，蒸発器の出入り口の温度差が小さくなり，凝縮負荷が減少し，凝縮圧力も低下します．

＊負荷が増加した場合＊

　上記のエアコンで，今度は外気温度が高くなったり，部屋にいる人が増加したとします．外気温が高くなり，外部からの侵入熱量が増加したり，人員が増加し発熱量が増えると，当然部屋の温度は徐々に上がってきます．このためエアコンの負荷は増加し，蒸発温度が上昇します．すると，膨張弁を流れる冷媒流量は増加し，圧縮機の吸込み圧力は上昇します．また，蒸発器の出入り口の温度差が大きくなって凝縮負荷も増加し，凝縮圧力も上昇します．

＊蒸発器に着霜した場合＊

　冷凍庫などの蒸発器に着霜した場合，空気の流れ抵抗が大きくなるため，風量が減少し空気側の熱伝達率が小さくなります．そのため，蒸発器の蒸発圧力が低下して，圧縮機の吸込み圧力が低下します．よって，冷媒流量が減少し，凝縮圧力もこれに合わせて多少低下します．以上より，蒸発温度が低下しますので，冷凍能力は減少して，冷凍庫内の温度が上昇します．

12.2　各装置の運転時の目安

＊圧縮機＊

ここが重要！　圧縮機の吐出しガス温度は，冷媒の種類および運転条件により異なりますが，凝縮温度50℃，蒸発温度0℃，過熱度0Kの条件では，断熱圧縮された場合，アンモニア：116℃，R22：72℃，R407C：67℃，R404A：62℃，R134a：56℃となっており，温度が高いと潤滑油の炭化が促進されてしまいます．アンモニアの吐出しガス温度は，フルオロカーボンに比べ数十℃高いのが正常です．

＊凝縮器＊

開放形冷却塔を使用した横形シェルアンドチューブ凝縮器の冷却水の出入口温度差は4～6K程度で，凝縮温度は冷却水出口温度よりも3～5K程度高いくらいです．

空冷凝縮器の凝縮温度は，**外気温度**よりも12～20K高い温度です．

蒸発式凝縮器の凝縮温度は，**外気湿球温度**よりもフルオロカーボンで10K，アンモニアで8Kくらい高い温度です．

＊蒸発器＊

冷蔵倉庫に使用される乾式蒸発器では，蒸発温度は庫内温度よりも5～12K程度低くします．

12.3 冷凍装置の不具合

冷凍装置には，いろいろな原因で不具合が生じます．その代表的な例を表12-1に示しておきます．

表に出てきたオイルフォーミング，液圧縮などの用語は，すでに学習しました．忘れた方はもう一度復習しておいてください．

―これを暗記―

❶ 圧縮機吐出しガス温度は，フルオロカーボンよりもアンモニアのほうが数十℃高い．

❷ 冷凍装置の不具合とその原因を覚える．

それでは，練習問題で運転の状態の理解を深めてください．

表 12-1　冷凍装置の不具合とその原因

不具合	原因など
異常高圧	・凝縮器の冷却水の不足，冷却水温度上昇，チューブまたはフィンの汚れ ・凝縮器の冷却管の汚れ，冷却水配管のストレーナのつまり ・不凝縮ガスの混入 ・冷媒の過充てん（受液器兼用のシェルアンドチューブ凝縮器，空冷凝縮器）
異常高温	・圧縮機の吸込み蒸気の過熱度が過大 ・膨張弁の水分の氷結，ゴミのつまり ・不凝縮ガスの混入
圧縮機の潤滑不良	・油量不足，油圧不足（油ポンプの故障） ・オイルフォーミング（油への冷媒の溶解） ・蒸発器での油戻りの不良
モータの焼損	・頻繁な起動停止 ・冷凍負荷が過大 ・密閉型圧縮機のフルオロカーボン冷媒の充填不足で冷却不良
圧縮機弁破損，液戻り，液圧縮	・吸込み管のUトラップ（液戻り，油戻り） ・冷凍負荷の急激な増加 ・膨張弁の感温筒外れ，弁開度が大 ・満液式蒸発器の液面の上がり過ぎ
冷媒漏れ	・開放型圧縮機のシャフトシールの漏れ ・凝縮器冷却管の腐食 ・ブライン冷却管の腐食 ・配管の破損，割れ，ゆるみ ・安全弁の漏れ
冷凍能力不足	・冷媒ガスの漏れ，充てん不足 ・蒸発器の空気流量不足，抵抗大，冷却面汚れ ・冷却面の着霜，着氷 ・膨張弁の氷結，ゴミ，つまり ・液管中にフラッシュガス発生
その他	・フルオロカーボンへの水分混入→加水分解→酸生成で腐食 ・潤滑油量過大→圧縮機の破損 ・水冷凝縮器，水冷却器の流量過大→水速大→配管の腐食

練習問題にチャレンジ

【問題1】 次のイ，ロ，ハ，ニの記述のうち，冷凍装置の運転の状態について正しいものはどれか．

イ．ヒートポンプ装置の運転で，圧縮機吐出しガスの過熱度を大きくすると，加熱能力は著しく増加する．

ロ．温度自動膨張弁を使用した冷凍庫の蒸発器に厚く霜が付くと，冷媒の蒸発温度は低下する．

ハ．冷却塔のファンが停止すると，高圧圧力は下がる．

ニ．圧縮機の吸込み圧力が低下すると，吸込み蒸気の比体積が大きくなるので，圧縮機の軸動力は大きくなる．

　(1) イ　　(2) ロ　　(3) ハ　　(4) ロ，ハ　　(5) ハ，ニ

解答と解説

イ．圧縮機吐出しガスの過熱度を大きくすると，体積効率が低下し加熱能力も**低下**します．【イ：×】

ロ．冷凍庫の蒸発器に厚く霜が付くと，蒸発器の熱通過率が悪くなり，蒸発圧力・蒸発温度ともに低下します．【ロ：○】

ハ．冷却塔のファンが停止すると，熱交換がされなくなり，冷却水温度が**上昇**します．よって，高圧圧力は**上がり**ます．【ハ：×】

ニ．圧縮機の吸込み圧力が低下すると，吸込み蒸気の比体積は大きくなります．したがって，冷媒循環量が減少するため圧縮機の軸動力は小さくなります．【ニ：×】

これより，正しいものは，ロ．

正解：(2)

【問題2】 次のイ，ロ，ハ，ニの記述のうち，冷凍装置の運転の状態について正しいものはどれか．

イ．冷却水ストレーナが詰まると，高圧圧力は下がる．

ロ．空冷凝縮器を使用する冷凍装置の凝縮圧力が冬季に低くなりすぎたので，凝縮用送風機の運転台数を減らした．

ハ．運転停止時に蒸発器に冷媒液が多量に残留していると，圧縮機の再始動時に液戻りが生ずる．

ニ．圧縮機の吸込み蒸気の過熱度が大き過ぎると，凝縮圧力は高くなる．

(1) イ　　(2) イ，ロ　　(3) イ，ニ　　(4) ロ，ハ　　(5) ハ，ニ

解答と解説

イ．冷却水ストレーナが詰まると，冷却水量が不足し高圧圧力が上昇します．水あかや水位低下なども同様な現象となります．【イ：×】

ロ．空冷凝縮器では冬季に外気温度が低下すると，凝縮圧力が低くなり，冷媒循環量が減少します．そこで，凝縮圧力を維持するため，凝縮用送風機の台数制御を行います．【ロ：○】

ハ．運転停止時に蒸発器に冷媒液が多量に残留していると，圧縮機の再始動時に液戻りが生じます．【ハ：○】

ニ．圧縮機の吸込み蒸気の過熱度が大きいと，吸込み蒸気の比体積は大きくなります．冷媒循環量は減少し，凝縮圧力はやや低くなります．ただし，過熱度が大きいと吐き出しガス温度は上昇します．【ニ：×】

これより，正しいものは，ロ，ハ．

正解：(4)

【問題3】 次のイ，ロ，ハ，ニの記述のうち，冷凍装置の運転の状態について正しいものはどれか．

イ．圧縮機の吸込み蒸気圧力が低下すると，一定凝縮圧力のもとでは圧縮比は小さくなり，冷凍能力は増加する．

ロ．冷媒を過充填すると，異常高圧になることがある．

ハ．フルオロカーボン圧縮機を長時間停止後，再始動時にオイルフォーミングが生じた．その原因の一つとして，クランクケースヒータの断線が考えられる．

ニ．液管中にフラッシュガスが発生すると，冷凍能力が不足することがある．

(1) イ，ロ　　(2) ロ，ニ　　(3) ハ，ニ
(4) イ，ロ，ニ　　(5) ロ，ハ，ニ

第12章 運転の状態

解答と解説

イ．圧縮機の吸込み蒸気圧力が低下すると，一定凝縮圧力のもとでは**圧縮比は大きくなり，冷凍能力は減少**する．【イ：×】

ロ．冷媒を過充填すると，空冷凝縮器では，凝縮器出口に冷媒液が溜まり伝熱面積が減少し，また，受液器兼用シェルアンドチューブ凝縮器においては，液面が高くなり，凝縮に作用する伝熱面積が小さくなるので，凝縮圧力・凝縮温度ともに上昇します．【ロ：○】

ハ．フルオロカーボン圧縮機を長時間停止中は，クランクケースヒータで通電しないと，潤滑油内に冷媒が混入し，再始動時にオイルフォーミングが生じます．よって，原因の一つにクランクケースヒータの断線が考えられます．【ハ：○】

ニ．液管中にフラッシュガスが発生すると，膨張弁を通過する

冷媒循環量が減少するため冷凍能力が不足します．【ニ：○】
これより，正しいものは，ロ，ハ，ニ．

正解：(5)

どうでしたか．よく整理して，次にお進み下さい．

第13章 保守管理

について学ぼう

　　第1編の保安管理技術も終りに近づいてきました．いよいよこの章が最後です．もうひと頑張りしてください．
　　前章では，冷凍装置の運転状態について学習しました．これは**運転管理**に属し，本章で学習する**保守管理**と合わせて行うことが大切です．
　　本章は，12章と関連することが多く，表12-1なども参考にして学習を進めてください．なお，本章では例題を解きながら進めるほうが良いと思いますので，練習問題を多くあげてあります．

練習問題にチャレンジ

【問題1】 次のイ，ロ，ハ，ニの記述のうち，冷凍装置の保守管理について正しいものはどれか．

イ．冷媒量が不足すると，圧縮機へ液戻りしやすくなる．

ロ．フルオロカーボン冷凍装置の冷媒系統に水分が混入すると，低温の運転では膨張弁に氷結し，冷媒が流れにくくなる．

ハ．圧縮機の運転で，液戻りや液圧縮を起こしても圧縮機は，頑丈なのでその影響はない．

ニ．圧縮機の潤滑油に鉱油を用いたアンモニア冷凍装置に，水分が混入しても微量であれば，装置に障害を起こすことはない．

(1) イ，ロ　　(2) イ，ハ　　(3) ロ，ハ
(4) ロ，ニ　　(5) ハ，ニ

解答と解説

イ．冷媒量が不足すると，冷媒循環量が減少し**過熱運転**となり，圧縮機への液戻りは生じません．【イ：×】

ロ．フルオロカーボン冷凍装置に水分が混入すると，膨張弁出口に氷結し弁開度が狭くなり，冷媒が流れにくくなります．【ロ：○】

ハ．液戻りや液圧縮があると，圧縮機の吐出し温度が低下し，油に冷媒が混入しオイルフォーミングを起こします．圧縮機の**シリンダの損傷**を起こす恐れがあります．【ハ：×】

ニ．アンモニアは，フルオロカーボンとは異なり，よく水と溶け合うため，水分が混入しても微量であれば，あまり影

響はありません．ただし，多量になると，蒸発圧力が低下して冷凍能力が下がります．【ニ：○】

これより，正しいものは，ロ，ニ．

正解：(4)

【問題2】 次のイ，ロ，ハ，ニの記述のうち，冷凍装置の保守管理について正しいものはどれか．

イ．冷媒量が不足すると，蒸発圧力と吐出し圧力が低下するが，吐出しガス温度は上昇する．

ロ．冷凍装置内に不凝縮ガスが存在している場合，圧縮機を停止し，水冷凝縮器の冷却水を20～30分通水しておくと，高圧圧力は冷却水温度に相当する飽和圧力より低くなる．

ハ．空冷凝縮器では，凝縮温度は外気温よりも12～20K高いのが普通である．

ニ．液封された管が外部から温められても，管や止め弁の破損は起こらない．

(1) ロ　　(2) イ，ロ　　(3) イ，ハ
(4) ロ，ハ　　(5) ハ，ニ

解答と解説

イ．冷媒量が不足すると，蒸発圧力と吐出し圧力が低下します．すると，吐出しガス温度が上昇します．【イ：○】

ロ．冷凍装置内に不凝縮ガスが存在している場合，圧縮機を停止し，冷却水を20～30分通水しておくと，高圧圧力は冷却水温度に相当する**飽和圧力より高く**なります．【ロ：×】

ハ．空冷凝縮器の凝縮温度は45～50℃くらいで，外気温よりも12～20K程度高い．【ハ：○】

ニ．液封された管が外部から温められると，液体が体積膨張し異常な圧力上昇を伴い，管や止め弁の破壊が起こる危険があります．【ニ：×】

これより，正しいものは，イ，ハ．

正解：(3)

【問題3】 次のイ，ロ，ハ，ニの記述のうち，冷凍装置の保守管理について正しいものはどれか．

イ．液封による事故の発生しやすい箇所は，低圧レシーバ周りの冷媒液配管である．

ロ．膨張弁手前のストレーナが目詰まりして冷却器の蒸発温度は変化したが，蒸発圧力は変わらなかった．

ハ．蒸発器の冷却管に着霜すると蒸発圧力が下がるので，デフロストを行う必要がある．

ニ．気密試験に空気圧縮機からの加圧空気を用いると，大気中の水分が冷媒系統に入ることがある．

(1) イ，ハ　　(2) ロ，ニ　　(3) ハ，ニ
(4) イ，ハ，ニ　　(5) ロ，ハ，ニ

解答と解説

イ．液封による事故の発生しやすい箇所は，低圧レシーバ(受液器) 周りの冷媒液配管です．【イ：○】

ロ．膨張弁手前のストレーナが目詰まりすると，冷媒液の流れが悪くなり，冷媒循環量が減少します．すると，**蒸発温度も蒸発圧力もともに低下**します．【ロ：×】

ハ．蒸発器の冷却管に着霜すると，氷の熱伝達率が低いため蒸発圧力が下がります．このためデフロストを行って除霜

する必要があります．【ハ：○】

ニ．気密試験に空気圧縮機からの加圧空気を用いると，大気中の水分が空気とともに冷媒系統に入ることがあります．【ニ：○】

これより，正しいものは，イ，ハ，ニ．

正解：(4)

【問題4】 次のイ，ロ，ハ，ニの記述のうち，冷凍装置の保守管理について正しいものはどれか．

イ．蒸発式凝縮器の凝縮温度は，アンモニア冷媒の場合，外気湿球温度より約8℃高い状態で運転される．

ロ．液戻りがあるとクランクケース内の油のフォーミングが激しくなり，油圧保護スイッチが動作することがある．

ハ．フルオロカーボン冷凍装置の冷媒系統に水分が混入しても，金属が腐食されることはない．

ニ．フィルタ・ドライヤの出入口の温度差が大きいとは，目詰まりを生じていると見てよい．

(1) イ，ロ　　(2) ロ，ニ　　(3) イ，ロ，ニ
(4) ロ，ハ，ニ　　(5) イ，ロ，ハ，ニ

解答と解説

イ．蒸発式凝縮器は主としてアンモニア冷凍機に使用されており，凝縮温度は，外気湿球温度より7〜10℃くらい高い状態で運転されています．8℃高い状態は正常です．【イ：○】

ロ．液戻りがあるとクランクケース内の潤滑油に冷媒液が混入し，オイルフォーミングが激しくなります．すると，油圧が低下し，油圧保護スイッチが動作することがあります．【ロ：○】

ハ．フルオロカーボン冷凍装置の冷媒系統に水分が混入する

と，加水分解を起こし，金属が腐食します．【ハ：×】

ニ．フィルタ・ドライヤの出入口の温度差が大きいとは，目詰まりによって，一部の冷媒液が断熱膨張して出口側の温度が低くなっていると考えられます．【ニ：○】

これより，正しいものは，イ，ロ，ニ．

正解：(3)

【問題5】 次のイ，ロ，ハ，ニの記述のうち，冷凍装置の保守管理について正しいものはどれか．

イ．アンモニア冷凍装置の冷媒系統に水分が多量に浸入すると，アンモニアは水分をよく溶解してアンモニア水になるが，装置の性能が悪くなる．

ロ．液封による事故は，高圧側液管のみならず低圧側液管においても発生し，配管や止め弁が破損する事故が起きる危険性がある．

ハ．フルオロカーボン冷凍装置に水分が浸入しても，少量であれば膨張弁部では氷結することはない．

ニ．空気圧縮機を使用して気密試験を実施した．

(1) イ，ロ　　(2) ロ，ハ　　(3) ハ，ニ
(4) イ，ロ，ニ　　(5) ロ，ハ，ニ

解答と解説

イ．アンモニア冷凍装置の冷媒系統に水分が浸入しても，少量であれば障害を引き起こすことはありませんが，多量に浸入すると装置の性能が悪くなります．また，アンモニア圧縮機では，吐出しガス温度が高いので，潤滑油の変質が起こりやすくなります．【イ：○】

ロ．液封は，高圧側液管，低圧側液管ともに発生し，低圧側

は温度差が大きいので特に危険性が高く，体積膨張が大きいので異常圧力上昇となり，配管や止め弁が破損する危険性があります．【ロ：○】

ハ．水はフルオロカーボン冷媒液とはほとんど溶け合わず，ごくわずかにしか溶けません．溶けきれない余分の水分は，水の粒となってフルオロカーボン冷媒液の上に浮いています．これを**遊離水分**といいます．温度の低いところでは溶け込む量が少なくなるので，膨張弁で温度が下がると遊離水分が増加し，水は凍るので膨張弁に詰まりが生じ，冷媒の流れが悪くなります．【ハ：×】

ニ．気密試験には，空気を使用することができます．【ニ：○】

これより，正しいものは，イ，ロ，ニ．

正解：(4)

どうでしたか．第1編の保安管理技術はこれで終了です．第2編は，高圧ガス保安法などの法令の学習をします．あわてないで，ちょっと一休みして下さい．

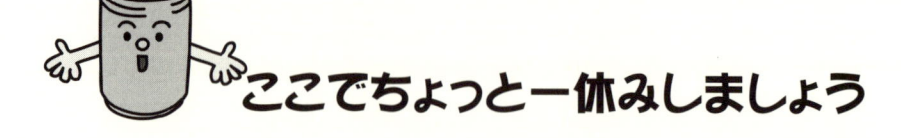

ここでちょっと一休みしましょう

　前コーナーで"正当(?)な受験テクニック"なるものをお教えしました．今回は，"引っ掛け問題攻略法"のお話しをしたいと思います．

　皆さんが目指す3冷試験が，五肢択一式マークシート方式であることは既に何度もお話ししました．皆さんは5つの選択肢から，正解の一つだけをマークします．ここで，出題するほうからしますと，受験者が勘違いしそうな選択番号を挙げておくのが普通です．受験者からすると，「何でそんな問題を出すの．ただの意地悪（イジメ）じゃないか．」と言いたいところですが，出題者側からすれば，受験者が本当に正しく理解しているかを把握するためにはどうしても引っ掛け問題を作成し出題する必要性があるのです．

　出題者側の意図として，マークシートではこの引っ掛け問題に引っ掛かった場合の選択肢が，必ずといって良いほど用意されています．実は，この引っ掛け問題を攻略することこそが，合格をより確実なものにするのです．

　私の経験から言って，学習時間が短く過去問中心でうわべだけ記憶した方は，引っ掛け問題によく引っ掛かります．これは，基礎を十分こなしていないため，初めてみる問題や引っ掛け問題に対して基本から考えることができないためです．過去問の類似問題が多い年度は，合格する可能性もありますが，少ない年では合格が微妙になります．

　一方，本書などのテキストできちんと基礎から勉強をした方は，初めてみる問題に対しては，自分の記憶を頼りに基本

から考えますので，テキストを読んだ記憶，その記憶などから推察したりして，解答を試みます．つまり，情報量の差が基礎をおろそかにした方と全く違うのです．また，引っ掛け問題が出題されても手拍子で解答するのではなく，慎重に考えてから解答することができると考えられます．

しかし，本書などのテキストを学習しさえすれば，引っ掛け問題を全て攻略することが出来るというわけでもありません．では，どうすれば良いかと言いますと，それは試験時間を有効に使用することが攻略法のもう一つの鍵と言えます．

過去に3冷試験を受験した方は分かると思いますが，法令は60分，保安管理は90分の試験時間があります．どちらの試験科目もほとんどの受験者は，30分もかからずに解答を終えていると思います．そして退出できる時間がくるとすぐ出て行く人が多くいます．自分の経験上私は，早く解答が終了してもほとんど途中退出したことがありません．それは，一度解答を終えてからじっくりと考えるからです．特に試験が始まって最初に解いた問題は，緊張感のため引っ掛けだけでなく自分の勘違いもあり誤解答が多くあるはずです．一度解答を終えると気持ちも落ち着いて，普段どおりに解答できるものです．この時間にじっくりと考えることができれば，引っ掛け問題を見抜くことができるでしょう．さらに，よく学習した方は，出題者の意図まで見えてくるようになるので不思議です．ここまでくれば，合格はほぼ間違いないでしょう．

3冷など国家試験は，普通年にたった1回しかありません．受験料もかかるし，試験当日は休暇を取らなくてはならない場合もあるし，それだけでなく学習時間を考えると1年はとーっても長いですよね．たった1問の引っ掛け問題のせい

で不合格となり1年を棒にしたくないですよね．そのためには試験中の時間は，試験だけに集中し与えられたその時間を有効に使うことが大切なのです．

　皆さん，次の教訓を活かし引っ掛け問題を攻略してください．

"引っ掛け問題攻略法"
　一　本書などのテキストで基礎を固める．
　一　試験時間を有効に活用する．
　一　気持ちを落ち着けてから，もう一度問題を解く．

第2編

法　　　令

第1章　高圧ガス保安法の目的・定義
第2章　高圧ガスの製造・貯蔵の許可
第3章　第1種製造者・第2種製造者
第4章　設備の定義・冷凍能力
第5章　冷凍設備の基準
第6章　製造方法の技術基準
第7章　危害予防規程
第8章　冷凍保安責任者
第9章　保安検査・定期自主検査
第10章　危険時の措置と帳簿
第11章　容器
第12章　高圧ガスの移動・廃棄

第1章 高圧ガス保安法の目的・定義

について学ぼう

高圧ガス保安法の目的
高圧ガス保安法の定義
適用除外の高圧ガス

　第1編では，冷凍機の原理や冷媒など冷凍機の保安管理技術について学習しました．冷凍機は，圧縮式と遠心式に大別されますが，皆さんが今まで学習した冷凍機は，冷媒ガスを圧縮する圧縮式で，この冷媒ガスが高圧ガスとして規制されることになるのです．なお，冷媒に水，吸収液にリチウムブロマイド溶液を使用する吸収式冷凍機は，圧力が低いので高圧ガスとなりませんが，冷媒にアンモニア，吸収液に水を使用する**吸収式アンモニア冷凍機**は冷媒にアンモニアを使用しているので，高圧ガス保安法の適用を受けます．

　第2編は，第3種冷凍機械責任者試験（3冷試験）に必要な法令について学習します．

　3冷試験に必要な冷凍関係の法令の種類としては，高圧ガス保安法（法），高圧ガス保安法施行令（政令），冷凍保安規則（冷凍則），容器保安規則（容器則），一般高圧ガス保安規則（一般則），冷凍保安規則関係例示基準（関係例示基準）などがあります．（　）内の用語は，略称です．皆さんは，これらの法令の法規集を見たことがありますか．すごく分厚い本で，しかも難解な言葉で記述してあり，これら全ての条文を理解することは，ほとんど不可能

に近いです（私自身はまず無理です）．しかし，3冷試験に実際出題される条文は，ある程度限られており，本書に記述してある内容を覚えていただければ，まず大丈夫ですからご安心ください．

ところで，高圧ガス保安法はじめ法令の条文は，とても分かりにくくなっています．その中でも，かつ，および，ただし，または等の用語が多く使用されています．これらの用語を十分理解して進んで下さい．また，規制の範囲や数値などでは，以上，以下，未満，超える，の四つの用語が出てきます．この意味を正しく理解しないと試験の問題が正しいか誤っているかの判断がつかないため，きちんと理解しなければなりません．ある数値AとBを用いて表すと次のようになります．

・Aは，B以上 ………… $A \geqq B$
・Aは，B以下 ………… $A \leqq B$
・Aは，Bを超える …… $A > B$
・Aは，B未満 ………… $A < B$

以上と以下は，AにBも含まれますが，超えると未満では，AにBは含まれませんので，注意してください．

それでは，まず高圧ガス保安法（法）の目的，定義から学習していきましょう．なお，（ ）内の略称は，練習問題の解説で使用します．

1.1　高圧ガス保安法の目的

一番重要な高圧ガス保安法の目的をそのまま紹介します．

＜目的＞

第1条　この法律は，高圧ガスによる災害を防止するため，**高圧ガスの製造**，貯蔵，販売，移動その他の**取扱及び消費**並びに**容器の製造及び取扱を規制**するとともに，民間事業者及び高圧ガス保安協会による高圧ガスの保安に関する自主的な

活動を促進し，もって**公共の安全を確保**することを**目的**とする．

高圧ガス保安協会（KHK）は，経済産業省の外郭団体（公益法人）で高圧ガスに関する調査，研究，指導教育および各種検査や皆さんが受験する3冷をはじめ，高圧ガス製造保安責任者試験などの試験事務も行っています．

法第1条は，よく出題されるので，丸暗記して下さい．

1.2 高圧ガス保安法の定義

高圧ガス保安法の定義および要約を紹介します．なお，圧力とはすべて「ゲージ圧力」のことをいいます．

＜定義＞

第2条 この法律で「高圧ガス」とは，次のいずれかに該当するものをいう．

① **＜圧縮ガス＞** 常用の温度において，圧力が1MPa（メガパスカル：約10kgf/cm^2）となる圧縮ガスであって，現にその圧力が1MPa以上のものまたは温度35℃において圧力が1MPa以上となる圧縮ガス（圧縮アセチレンガスを除く）．

② **＜圧縮アセチレンガス＞** 常用の温度において，圧力が0.2MPa（約2kgf/cm^2）以上となる圧縮アセチレンガスであって，現にその圧力が0.2MPa以上のものまたは温度15℃において圧力が0.2MPa以上となる圧縮アセチレンガス．

③ **＜液化ガス＞** 常用の温度において，圧力が0.2MPa以上となる液化ガスであって，現にその圧力が0.2MPa以上のものまたは圧力が0.2MPaとなる場合の温度が35℃以下である液化ガス．

④ **＜その他の液化ガス＞** ③を除いた液化ガスのうち，温度が35℃で0MPaを超える次の三つのガスで政令で定めるもの．液化シアン化水素,液化ブロムメチル,液化酸化エチレン．

ここが重要！ 以上，高圧ガスは**圧縮ガスと液化ガス**，および**温度と圧力**によって定められており，四つの種類（圧縮ガス，圧縮アセチレンガス，液化ガス，その他の政令で定める液化ガス）がありますので，十分整理しておいて下さい．

なお，高圧ガス保安法関連の圧力は，ゲージ圧力として取り扱われます．すなわち，耐圧試験や気密試験，設計圧力，許容圧力等すべてゲージ圧力となります．

1.3 適用除外の高圧ガス

高圧ガス保安法では，以下に掲げる高圧ガスは規定の適用を除外します．

ここが重要！ 第3条（適用除外）

① 高圧ボイラー及び導管内における高圧蒸気．

② 鉄道車両のエアコンディショナー内における高圧ガス．

③ 船舶安全法の適用を受ける船舶及び海上自衛隊の使用する船舶内における高圧ガス．

④ 鉱山保安法の鉱山における鉱業を行うための設備内における高圧ガス．

⑤ 航空法の航空機内における高圧ガス．

⑥ 電気事業法の電気工作物内における高圧ガス．

⑦ 核原料物質，核燃料物質及び原子炉の規制に関する法律の原子炉及びその附属設備内における高圧ガス．

⑧ その他，災害の発生のおそれがない高圧ガスであって，政令で定めるもの．以下にその抜粋（政令第2条第3項）を示します．

・1日の冷凍能力が3トン未満の冷凍設備内の高圧ガス．

・1日の冷凍能力が3トン以上5トン未満の冷凍設備内の高圧ガスである不活性なフルオロカーボン．

・オートクレーブ内における水素，アセチレン，塩化ビ

ニル以外の高圧ガス（つまり，酸素や二酸化炭素などの高圧ガスは，適用除外されます）．

・フルオロカーボン回収装置（回収したフルオロカーボンの浄化機能または充てん機能を有するものも含みます）内のフルオロカーボンで，温度35度において圧力5MPa以下のもので経済産業大臣が定めるもの．

以上，なかなか覚えるのは大変ですが，練習問題をこなしてみて問題に慣れてください．

これを暗記

❶ 高圧ガス保安法の目的は，丸暗記する．

❷ 高圧ガスは圧縮ガスと液化ガス，および温度と圧力によって決まる．

❸ 適用除外の高圧ガスがある．

練習問題にチャレンジ

【問題1】 次のイ，ロ，ハの記述のうち，正しいものはどれか．

イ．常用の温度において，圧力が0.2メガパスカル以上となる液化ガスであって，現にその圧力が0.2メガパスカル以上であるのものは高圧ガスである．

ロ．高圧ガス保安法は，高圧ガスによる災害を防止するため，高圧ガスの製造を規制するとともに，民間事業者及び高圧ガス保安協会による自主保安活動を促進して，公共の安全を確保することを目的としている．

ハ．常用の温度において，圧力が1メガパスカル以上となる圧縮ガスであって，現にその圧力が1メガパスカル以上であるのものは高圧ガスである．

(1) イ　　(2) イ，ロ　　(3) イ，ハ
(4) ロ，ハ　　(5) イ，ロ，ハ

解答と解説

イ．高圧ガス保安法（法）の第2条第3号の高圧ガスの定義で，液化ガスについてこのとおり定められています．【イ：○】

ロ．法第1条の目的がこのとおり定められています．【ロ：○】

ハ．法第2条第1号の高圧ガスの定義で，圧縮ガスについてこのとおり定められています．【ハ：○】

これより，正しいものは，イ，ロ，ハ．

正解：(5)

【問題2】 次のイ，ロ，ハの記述のうち，正しいものはどれか．
イ．冷媒ガスは，常に液化ガスである高圧ガスとして取り扱われる．
ロ．液化アンモニアは，現在の温度にかかわらず高圧ガスである．
ハ．温度20度において，圧力が1メガパスカルとなる圧縮ガスは，温度35度においても高圧ガスである．

(1) イ　　　(2) イ，ロ　　　(3) イ，ハ
(4) ロ，ハ　(5) イ，ロ，ハ

解答と解説

イ．冷媒ガスの内，液化アンモニア，液化フルオロカーボン22，液化フルオロカーボン134aなどは高圧ガスとなりますが，液化フルオロカーボン114は温度35度で0.19MPaであって高圧ガスではありません．しかし，フルオロカーボン114において，クーリングタワーを使用した水冷凝縮器の冷凍設備で凝縮温度を43度とした場合，設計圧力が0.28MPaとなり，運転中の常用温度で0.2MPa以上となるので，高圧ガス製造設備として許可を受けなければなりません．【イ：×】

ロ．液化アンモニアは，温度35度で1.24MPaとなり高圧ガスです．【ロ：○】

ハ．法第2条第1号で，温度35度において，圧力が1MPa以上となる圧縮ガスは高圧ガスです．この温度以下の20度で1MPaならば，35度では当然1MPa以上となり，高圧ガスです．【ハ：○】

これより，正しいものは，ロ，ハ．

正解：(4)

【問題3】 次のイ，ロ，ハの記述のうち，正しいものはどれか．

イ．液化ガスであって，その圧力が0.2メガパスカルとなる温度が30度であるのものは，高圧ガスである．

ロ．高圧ガス保安法は，高圧ガスによる災害を防止して公共の安全を確保するという目的のために，高圧ガスの製造を規制しているが，高圧ガスを充てんする容器の製造は規制していない．

ハ．あるガスが高圧ガスかどうかは，可燃性ガスとそれ以外のガスとに分けて定義されている．

(1) イ　　　　(2) イ，ロ　　　　(3) イ，ハ
(4) ロ，ハ　　(5) イ，ロ，ハ

解答と解説

イ．法第2条第3号の高圧ガスの定義で，液化ガスについては，その圧力が0.2MPaとなる温度が35度以下のものは高圧ガスと規定してあります．30度は35度以下であって当然高圧ガスです．【イ：○】

ロ．法第1条の目的をもう一度読んでください．容器の製造及び取扱を規制するということが定められています．【ロ：×】

ハ．法第2条の高圧ガスの定義は，圧縮ガスと液化ガス，および温度と圧力によって定められています．**可燃性や毒性**は関係ありません．【ハ：×】

これより，正しいものは，イ

正解：(1)

どうでしたか．高圧ガスの定義はよく出題されますので，整理してから次にお進み下さい．

第2章 高圧ガスの製造・貯蔵の許可等

について学ぼう

高圧ガス製造などの許可
高圧ガス製造などの届出

　高圧ガスの製造や貯蔵などには，その規模などに応じて許可や届出が必要な場合があります．本章では，高圧ガス製造の許可や届出などについて学習します．

2.1 高圧ガス製造などの許可

　高圧ガス保安法の第5条第1項には次のように規定されています．

第5条　次の各号に該当する者は，事業所ごとに，都道府県知事の許可を受けなければならない．

① 圧縮，液化その他の方法で処理することができるガスの容積（温度0℃，圧力0Paの状態に換算した容積）が，**1日100m^{3}以上**である設備を利用して**高圧ガスの製造（容器に充てんすることを含む）**をしようとする者．

② 冷凍のためガスを圧縮し，又は液化して高圧ガスを製造する設備でその1日の**冷凍能力が20トン（アンモニア，フルオロカーボンでは50トン）以上**のものを使用して高圧ガスを製造しようとする者．

　ここで，上記の①，②号の許可を受けた者を**第1種製造**

者と呼びます．

　また，高圧ガスの貯蔵について，高圧ガス保安法第16条では，「**容積300m^{3}以上の高圧ガスを貯蔵するときは，あらかじめ都道府県知事の許可を受けて設置する第1種貯蔵所においてしなければならない．**」と規定されています．

2.2　高圧ガス製造などの届出

　法第5条第2項　次の各号の一つに該当する者は，事業所ごとに，製造する高圧ガスの種類，施設の位置，構造，設備，製造の方法を記載した書面を添えて，20日前までに都道府県知事に届け出なければならない．

①　第1種製造者が事業を開始する日．

②　**冷凍**のためガスを圧縮し，または液化して高圧ガスを製造する設備でその1日の**冷凍能力**が3トン（アンモニアおよびフルオロカーボン（不活性のガス以外）では**5トン**，フルオロカーボン（不活性のガスのものに限る）では**20トン**）以上（第1種製造者を除く）のものを使用して高圧ガスを製造しようとする者．

　ここで，上記の第2項第②号に該当する者を**第2種製造者**と呼びます．分かりやすく言えば，第2種製造者とは，1日の冷凍の能力がアンモニアおよびフルオロカーボン（不活性のガス以外）では，5トン以上50トン未満で，フルオロカーボン（不活性のガスのものに限る）では，20トン以上50トン未満のものです．

　また，高圧ガスの販売について，高圧ガス保安法第20条の4では，「高圧ガスの販売の事業を営もうとする者は，販売所ごとに，事業開始の20日前までに，販売する高圧ガスの種類を記載した書面を添えて，その旨を都道府県知事に届

け出なければならない．ただし，第1種製造者が事業所内で販売する場合，および医療用の圧縮酸素等を販売するもので常時容積 $5m^3$ 未満を販売する場合を除く．」と規定されています．

以上，冷凍関係の高圧ガス製造の許可，届出などを表にしたものを次に示します．

表 2-1　都道府県知事の許可，届出

	ガスの種類	許　可	届　出
製造所	フルオロカーボン（不活性のものに限る）	50トン以上	20トン以上50トン未満
製造所	アンモニア及びフルオロカーボン（不活性のものを除く）	50トン以上	5トン以上50トン未満
貯蔵所	第1種貯蔵所	○ $300m^3$ 以上	──
販売所	販売事業所	──	○（20日前）

これを暗記

❶　第1種製造者は，アンモニア，フルオロカーボンとも50トン以上で，知事の許可が必要．

❷　第2種製造者は，アンモニアおよび不活性なものを除いたフルオロカーボンは5トン以上，不活性なフルオロカーボン20トン以上で，知事に届出る．

それでは，練習問題で理解を深めてください．

練習問題にチャレンジ

【問題1】 次のイ,ロ,ハの記述のうち,正しいものはどれか.

イ. 1日の冷凍能力が50トンである冷凍のための設備(一つの設備であって,認定指定設備でないもの)を使用して高圧ガスを製造しようとする者は,その高圧ガスの種類にかかわらず,事業所ごとに都道府県知事の許可を受けなければならない.

ロ. アンモニアを冷媒ガスとする1日の冷凍能力が40トンの冷凍設備(一つの製造設備であるもの)を使用して冷凍のための高圧ガスを製造しようとする者は,その旨を都道府県知事に届け出なくてもよい.

ハ. 冷凍設備を使用して高圧ガスを製造しようとする者が,都道府県知事の許可を受けなければならない場合の1日の冷凍能力の値は,高圧ガスである冷媒ガスの種類に関係なく定められている.

(1) イ　　　　(2) ハ　　　　(3) イ, ロ
(4) ロ, ハ　　(5) イ, ロ, ハ

解答と解説

イ. 一つの設備であり,認定指定設備でない,1日の冷凍能力が50トンの冷凍設備は,アンモニア,フルオロカーボンなどの冷媒の種類に関係なく都道府県知事の許可が必要です.【イ:○】

ロ. アンモニアを冷媒ガスとする冷凍設備では,1日の冷凍能力が50トン以上で都道府県知事の許可,5トン以上50

トン未満では届出が必要です．40トンは，当然届出が必要です．【ロ：×】

ハ．第1種製造者は20トン以上で許可が必要ですが，アンモニアおよびフルオロカーボン（不活性かどうかに関わらない）では，50トン以上が第1種製造者となります．つまり，冷媒ガスの種類によって許可を必要とする数値が異なっています．【ハ：×】

これより，正しいものは，イ．

正解：(1)

【問題2】 次のイ，ロ，ハの記述のうち，正しいものはどれか．

イ．所定の能力以上の冷凍設備を使用して高圧ガスを製造しようとする者は，都道府県知事の許可を受け，又は届け出なければならないが，その用途が暖房のみの場合はこの限りではない．

ロ．高圧ガスの貯蔵所の設置は，許可を受けなければならない場合がある．

ハ．冷凍設備に用いる機器の製造事業は，許可を受けなければならない場合がある．

(1) イ　　(2) ロ　　(3) イ，ロ
(4) ロ，ハ　　(5) イ，ロ，ハ

解答と解説

イ．冷凍保安規則（冷凍則）第1条に，「冷凍（冷凍設備を使用してする**暖房を含む**）」と記載してあり，ヒートポンプ（暖房）として使用する冷凍設備も適用されます．【イ：×】

ロ．法第16条では，「容積300m^3以上の高圧ガスを貯蔵するときは，あらかじめ都道府県知事の許可を受けて設置す

る第1種貯蔵所においてしなければならない.」と規定されています．高圧ガスの貯蔵所の設置は，許可を受けなければならない場合があります．【ロ：○】

ハ．冷凍設備に用いる機器の製造事業を行う者（機器製造業者）は，経済産業省令で定める技術上の基準に従ってその機器の製造をしなければなりませんが，許可は必要ありません．以前は，機器製造業者は届出が必要でしたが，平成9年4月以降は不要になりました．【ハ：×】

これより，正しいものは，ロ．

正解：(2)

【問題3】 次のイ，ロ，ハの記述のうち，正しいものはどれか．

イ．高圧ガスの販売の事業を営もうとする者は，都道府県知事の許可を受けなければならない．

ロ．フルオロカーボンを冷媒とする1日の冷凍能力が4トンの冷凍設備を使用して高圧ガスを製造しようとする者は，都道府県知事に届け出なければならない．

ハ．高圧ガス貯蔵の技術上の基準に従うべき高圧ガスは，すべての種類の高圧ガスである．

(1) イ　　　(2) ハ　　　(3) イ，ロ
(4) イ，ハ　　(5) ロ，ハ

解答と解説

イ．法第20条の4では，「高圧ガスの販売の事業を営もうとする者は，販売所ごとに，事業開始の20日前までに，都道府県知事に届け出なければならない．」と定められており，許可ではなく**届出**です．【イ：×】

ロ．フルオロカーボン（不活性なものに限ります）冷媒では，1日の冷凍能力が **20トン以上** の冷凍設備を使用して高圧ガスを製造しようとする者は，都道府県知事に届け出なければなりません．アンモニアおよび不活性なもの以外のフルオロカーボンは5トン以上で届出です．したがって，フルオロカーボンは不活性であるなしに関わらず4トンの冷凍設備では届け出の必要はありません．【ロ：×】

ハ．経済産業省令では，高圧ガス貯蔵の技術上の基準に従うべき高圧ガスは，すべての種類の高圧ガスです．【ハ：○】

これより，正しいものは，ハ．

正解：(2)

どうでしたか．よく整理しておいて下さい．

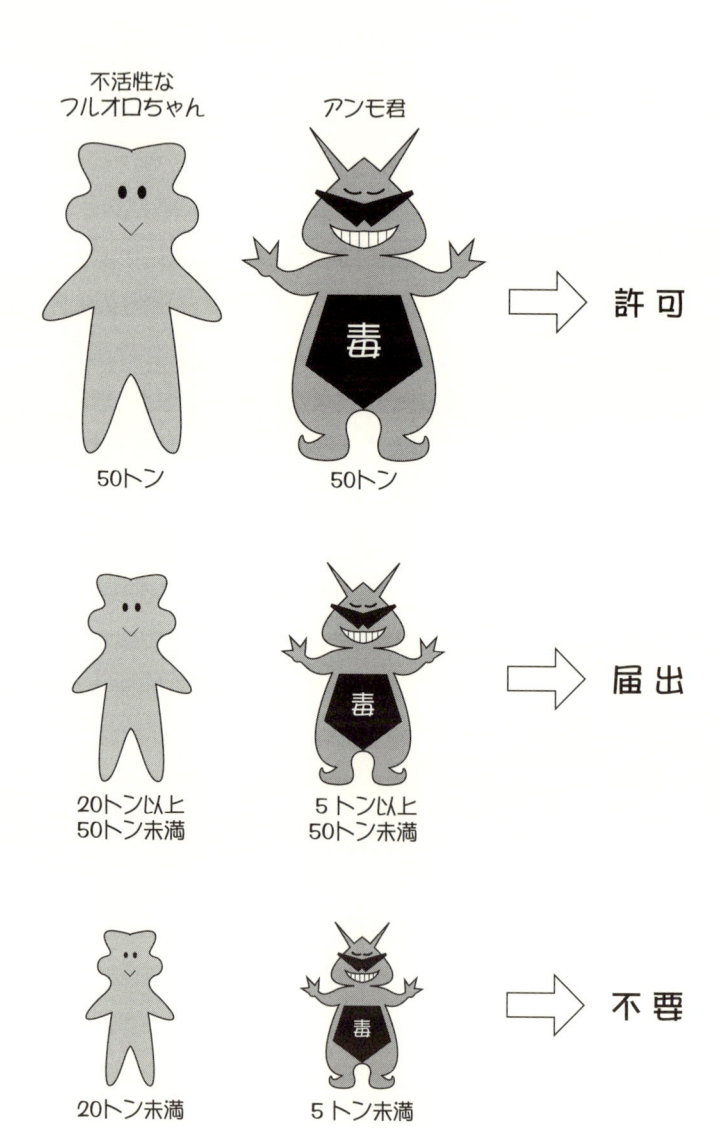

不活性な
フルオロちゃん　　アンモ君

　　　　　　　　　　　　　　　⇒　許 可

50トン　　　　　50トン

　　　　　　　　　　　　　　　⇒　届 出

20トン以上　　　5トン以上
50トン未満　　　50トン未満

　　　　　　　　　　　　　　　⇒　不 要

20トン未満　　　5トン未満

第3章 第1種製造者・第2種製造者

第1種製造者
第2種製造者

本章では，前章に出てきた第1種製造者と第2種製造者について，もう少し学習します．

3.1 第1種製造者

第1種製造者とは，20トン（ただし，フルオロカーボンおよびアンモニアは50トン）以上の高圧ガスを製造する者（認定を受けた設備を除きます）で知事の許可が必要でした．第1種製造者に関係のある条文の要約を次に示します．

(許可の取り消し)

法第9条 都道府県知事は，第1種製造者が正当な理由なく1年以内に製造を開始せず，又は1年以上製造を休止したときは，その許可を取り消すことができる．

法第38条 都道府県知事は，第1種製造者が法に違反したときは，その製造許可を取り消すことができる．

(完成検査)

法第20条 第1種製造者及び第1種貯蔵所の許可を受けたものは，高圧ガスの製造施設又は第1種貯蔵所の工事が完成したときは，都道府県知事，高圧ガス保安協会または指

定完成検査機関が行う**完成検査**を受け，これに合格した後でなければ，使用してはならない．

この完成検査は，技術基準に適合しているかを確認するための法定検査の一つです．

(製造の開始，廃止の届出)

法第21条 第1種製造者は，高圧ガスの製造を開始し，又は廃止したときは，遅滞なく，その旨を，都道府県知事に**届出**なければならない．

3.2 第2種製造者

第2種製造者とは，1日の冷凍能力が3トンで，フルオロカーボン（不活性なもの）では20トン以上50トン未満，アンモニアおよび不活性なもの以外のフルオロカーボンでは5トン以上50トン未満の高圧ガスを製造する者で，知事への届出が必要でした．第2種製造者は，第1種製造者に比べ，規制がゆるくなっています．許可を受けなくても届出だけでよく，完成検査も除かれ，冷凍機械責任者の選任も不要（不活性なもの以外のフルオロカーボンは必要）となっています．第2種製造者に関係のある条文の要約を次に示します．

(製造の廃止の届出)

> ここが重要!

法第21条第3項 第2種製造者は，高圧ガスの製造を**廃止**したときは，遅滞なく，その旨を都道府県知事に**届出**なければならない．

(保安教育)

法第27条第4項 第2種製造者および販売業者などは，その従業者に**保安教育**を施さなければならない．

法第27条第5項 都道府県知事は，第1種製造者又は第2種製造者が施す保安教育が，公共の安全又は災害発生の防

止上，十分でないと認めるときは，保安教育の内容などを改善すべきことを勧告できる．

> **これを暗記**
>
> ❶ 第1種製造者は，製造施設が完成したとき，知事等が行う完成検査を受け，その後使用する．
>
> ❷ 第2種製造者は，高圧ガスの製造を廃止したときは，遅滞なく，知事に届出する．

それでは，練習問題で理解を深めてください．

よい設備は

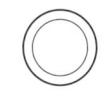

合　格

◯

ダメな設備は

再検査

✕

練習問題にチャレンジ

【問題1】 次のイ，ロ，ハの記述のうち，正しいものはどれか．

イ．第1種製造者は，その製造施設の位置，構造又は設備の変更の工事をしようとするとき，その工事が軽微な工事でない場合は，都道府県知事に許可申請をしなければならない．

ロ．第2種製造者は，高圧ガスの製造を開始したときは，遅滞なく，その従業者に対する保安教育計画を定め，都道府県知事に届け出なければならない．

ハ．第一種製造者は，高圧ガスの製造を開始したときは，遅滞なく，その旨を，都道府県知事に届出なければならない．

(1) イ　(2) ハ　(3) イ，ロ　(4) イ，ハ　(5) ロ，ハ

解答と解説

イ．法第14条第1項で，「第1種製造者は，その製造施設の位置，構造若しくは設備の変更の工事をし，又は製造をする高圧ガスの種類若しくは製造の方法を変更しようとするときは，都道府県知事に許可を受けなければならない．ただし，経済産業省令で定める軽微な変更の工事をしようとするときは，この限りではない．」と定められています．【イ：○】

ロ．第2種製造者は，その従業者に対する保安教育を施す必要はありますが，保安教育計画までは不要です．【ロ：×】

ハ．法第21条より，第1種製造者は，高圧ガスの製造を開始し，または廃止したときは，遅滞なく，その旨を，都道府県知事に届出なければなりません．なお，法第20条において，

完成検査に合格した後でなければ使用してはならないと定められています.【ハ：○】

これより, 正しいものは, イ, ハ.

正解：(4)

【問題2】 次のイ, ロ, ハの記述のうち, 正しいものはどれか.

イ. 第2種製造者は, 法令に違反したときには, 都道府県知事に許可を取り消されることがある.

ロ. 第1種製造者は, 高圧ガスの製造施設の工事が完成したときは, 都道府県知事が行う完成検査を受け, これに合格した後でなければ, 使用してはならない.

ハ. 第2種製造者は, 高圧ガスの製造を開始したときは, 遅滞なく, その旨を, 都道府県知事に届出なければならない.

(1) イ　　　(2) ロ　　　(3) イ, ハ

(4) ロ, ハ　　(5) イ, ロ, ハ

解答と解説

イ. 第1種製造者は, 法令（第38条）に違反したときには, 都道府県知事に許可を取り消されることがあります. しかし, 第2種製造者は, 許可を受けていない（届出のみ）ので, 誤りです. なお, 法第38条第2項では, 「都道府県知事は, 第2種製造者が次の各号の一に該当するときは期間を定めてその製造の停止を命ずることができる」と定められています.【イ：×】

ロ. 法第20条のとおりで, 第1種製造者は, 都道府県知事, 高圧ガス保安協会または指定完成検査機関が行う完成検査を受け, これに合格した後でなければ, 使用してはなりま

せん．【ロ：○】

ハ．法第21条第1項により，**第1種製造者**は，高圧ガスの製造を開始したときは，遅滞なく，その旨を，都道府県知事に届出なければなりません．第2種製造者は，製造開始の20日前までに届出をする必要があります（法第5条第2項第2号）．混同しないように注意して下さい．【ハ：×】

これより，正しいものは，ロ．

正解：(2)

どうでしたか．よく整理しておいて下さい．

第4章 設備の定義・冷凍能力

について学ぼう

製造設備等の用語の定義
高圧ガスの用語の定義
冷凍能力の算定

本章では，冷凍保安規則の中に出てくる製造設備の定義や冷凍能力の算定などについて学習します．細かい数値なども多少出てきますが，がんばって学習して下さい．

4.1 製造設備等の用語の定義

高圧ガスを製造するための冷凍設備を，冷凍保安規則（冷凍則）第2条では**製造設備**と呼び，次のように規定しています．

① 移動式製造設備：製造設備であって，地盤面に対して移動することができるもの．

② 定置式製造設備：製造設備であって，移動式製造設備以外のもの（移動できないもの）

③ **冷媒設備**：冷凍設備のうち，**冷媒ガスが通る部分**．（冷凍サイクル中の冷媒ガスが通過するすべての部分です．つまり，圧縮機，凝縮器，受液器，膨張弁，蒸発器などの冷凍機器や冷媒配管，弁などを接続したものをいいます．）

4.2 高圧ガスの用語の定義

冷凍における高圧ガスは冷凍保安規則（冷凍則）第2条で

は，次のように定められています．

> ① **可燃性ガス**：アンモニア，イソブタン，エタン，エチレン，クロルメチル，水素，ノルマルブタン，プロパンおよびプロピレンの 9 種類．
> ② **毒性ガス**：アンモニアおよびクロルメチルの 2 種類．
> ③ **不活性ガス**：ヘリウム，二酸化炭素又はフルオロカーボン（可燃性ガスを除く．）
> ③の 2 **特定不活性ガス**：不活性ガスのうち，フルオロオレフィン 1234yf，フルオロオレフィン 1234ze，フルオロカーボン 32

4.3　冷凍能力の算定

冷凍能力の算定は，冷凍保安規則（冷凍則）第 5 条において，次のように定められています．

> ① **遠心式**圧縮機を使用する製造設備では，原動機の**定格出力** 1.2 キロワットをもって，1 日の冷凍能力 1 トンとする．
> ② **吸収式**冷凍設備では，発生器を加熱する 1 時間の**入熱量 27800** キロジュールをもって，1 日の冷凍能力 1 トンとする．
> ③ **容積式（往復動式含む）**圧縮機を使用する製造設備では，次の算式で表す．
>
> $$R = \frac{V}{C}$$
>
> R：1 日の冷凍能力（単位トン）の数値．
> V：簡単には，圧縮機の標準回転速度における 1 時間のピストン押しのけ量〔m^3〕の数値．
> C：冷媒ガスの種類に応じて，表に掲げる数値，または算式で決る数値．代表的な冷媒ガスの数値をあげます．
> 　　$5000 cm^3$ 以下→アンモニア：8.4, R22：8.5, R134a：

14.4,R502：8.4

5000cm³超　→アンモニア：7.9,R22：7.9,R134a：13.5,R502：7.9

これを暗記

❶ アンモニアは,可燃性ガス,かつ毒性ガス.

❷ 冷凍能力（トン）の算出は,

　遠心式：原動機の定格出力1.2kWで1日の冷凍能力

　吸収式：1時間の入熱量27800kJで1日の冷凍能力

　容積式：$R = V/C$で1日の冷凍能力
　　　V：1時間のピストン押しのけ量m^3
　　　C：冷媒ガスの種類に応じた数値

第4章　設備の定義・冷凍能力

それでは,練習問題で理解を深めてください.

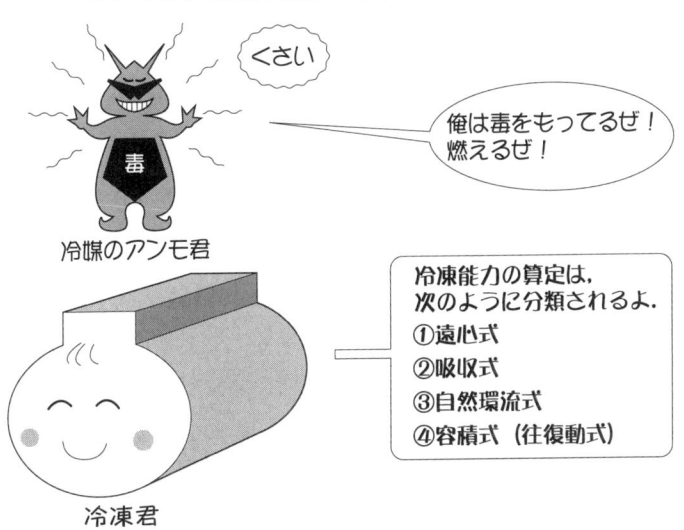

くさい

俺は毒をもってるぜ！燃えるぜ！

冷媒のアンモ君

冷凍能力の算定は,次のように分類されるよ.
①遠心式
②吸収式
③自然環流式
④容積式（往復動式）

冷凍君

練習問題にチャレンジ

【問題1】 次のイ，ロ，ハの記述のうち，冷凍保安規則上正しいものはどれか．

イ．往復動式圧縮機を有する定置式製造設備の1日に冷凍能力は，圧縮機の原動機の定格出力の値に関係して算定する．

ロ．アンモニア，エタン，エチレン及びプロパンは，可燃性ガスである．

ハ．往復動式圧縮機を有する定置式製造設備の1日の冷凍能力は，冷媒ガスが可燃性ガスであるか毒性ガスであるかによって定まる数値を用いる．

(1) イ　　(2) ロ　　(3) ハ　　(4) イ，ロ　　(5) ロ，ハ

解答と解説

イ．往復動式圧縮機を有する定置式製造設備の1日の冷凍能力は，$R=V/C$の算式から算出します（V：1時間のピストン押しのけ量，C：冷媒ガスの種類に応じて決まる数値）．圧縮機の原動機の定格出力の値に関係するのは，遠心式です．（冷凍則第5条第1号，第4号）【イ：×】

ロ．可燃性ガスは，**アンモニア**，イソブタン，**エタン**，**エチレン**，クロルメチル，水素，ノルマルブタン，プロパンおよびプロピレンの9種類あります．四つとも，可燃性ガスです．（冷凍則第2条1号）【ロ：○】

ハ．往復動式の1日の冷凍能力Rは，$R=V/C$で算出されます．Vは押しのけ量，Cは冷媒ガスの種類に応じて決められて

おり，可燃性ガスであるか毒性ガスであるかによっては定まっていません．（冷凍則第5条第4号）【ハ：×】

これより，正しいものは，ロ．

正解：(2)

【問題2】 次のイ，ロ，ハの記述のうち，冷凍能力の算定の基準として冷凍保安規則上正しいものはどれか．

イ．吸収式冷凍設備にあっては，発生器を加熱する入熱量．

ロ．遠心式圧縮機を使用する製造設備にあっては，圧縮機の原動機の回転数．

ハ．冷凍のための製造設備の1日の冷凍能力は，所定の基準に従って算定する．

(1) イ　　(2) イ，ロ　　(3) イ，ハ
(4) ロ，ハ　　(5) イ，ロ，ハ

解答と解説

イ．吸収式冷凍設備では，発生器を加熱する入熱量です．（冷凍則第5条第2号）【イ：○】

ロ．遠心式圧縮機を使用する製造設備にあっては，圧縮機の原動機の定格出力であって，回転数ではありません．（冷凍則第5条第1号）【ロ：×】

ハ．冷凍則第5条より，冷凍のための製造設備の1日の冷凍能力は，所定の基準に従って算定します．【ハ：○】

これより，正しいものは，イ，ハ．

正解：(3)

【問題3】 次のイ，ロ，ハの記述のうち，冷凍保安規則上正しいものはどれか．

イ．冷媒設備とは，冷凍設備のうち，冷却水の通る部分をいう．
ロ．フルオロカーボン22は，可燃性ガスである．
ハ．アンモニアは，可燃性ガスであり，かつ，毒性ガスである．

(1) イ　　　(2) ハ　　　(3) イ，ロ
(4) イ，ハ　(5) ロ，ハ

解答と解説

イ．冷媒設備とは，冷却水の通る部分ではなく，**冷媒ガス**が通る部分をいいます(冷凍則第2条第1号第6号)．【イ：×】

ロ．フルオロカーボン22は，**不活性ガス**で，可燃性ガスではありません．（冷凍則第2条第1項第3号）【ロ：×】

ハ．アンモニアおよびクロルメチルは，可燃性ガスであり，かつ，毒性ガスです．（冷凍則第2条第1項第1号,第2号）【ハ：○】

これより，正しいものは，ハ．

正解：(2)

どうでしたか．よく整理してから次にお進み下さい．

本章では，冷凍設備の設備基準について学習します．定置式製造設備に係る技術上の基準は，冷凍保安規則第7条に規定されています．多くの事柄が出てきてたいへんですが，がんばりましょう．

5.1 製造設備の技術上の基準

冷凍保安規則第7条第1項第①〜⑧号は，次のとおりです．
① 圧縮機，油分離器，凝縮器および受液器またはこれらの間の配管は，引火性または発火性の物をたい積した場所および火気の付近にないこと．
② 製造設備には，当該設備の外部から見やすいように警戒標を掲げること．
③ 圧縮機，油分離器，凝縮器および受液器またはこれらの間の配管（可燃性ガス，毒性ガス又は特定不活性ガスの製造設備のものに限る）を設置する部屋は，冷媒ガスが漏えいしたとき滞留しないような構造とすること．
④ 製造設備は，振動，衝撃，腐食等により冷媒ガスが漏れないものであること．

⑤ 凝縮器，受液器などは，…所定の告示で定める耐震設計の基準により，地震の影響に対して安全な構造とすること….（以下略）．

⑥ 冷媒設備は，許容圧力以上の圧力で行う気密試験及び配管以外の部分について許容圧力の1.5倍以上の圧力で行う耐圧試験又は経済産業大臣がこれらと同等以上のものと認めた高圧ガス保安協会が行う試験に合格するものであること．

⑦ 冷媒設備には，圧力計を設けること．冷媒設備には圧縮機（潤滑油圧力に対する保護装置を有する強制潤滑方式であるものを除く）の油圧系統を含む．

⑧ 冷媒設備には，当該設備内の冷媒ガスの圧力が許容圧力を超えた場合に，直ちに許容圧力以下に戻すことができる安全装置を設けること．

5.2　製造設備（毒性・可燃性ガス）の技術上の基準

毒性ガス及び可燃性ガス（アンモニア，クロルメチル，プロパンなど）では，冷凍保安規則第7条第1項第⑨〜⑯号で次のとおり規定されており，より厳しい規制がされています．

⑨ 第⑧号の規定で設けた安全装置のうち安全弁，又は破裂板には，放出管を設けること．放出管の開口部の位置は，放出する冷媒ガスの性質に応じた適切な位置であること．ただし，不活性ガス冷凍設備や吸収式アンモニア冷凍機（冷凍則第7条第1項第9の②号に定めるものに限る）は，この限りではない．

⑩ 可燃性ガス又は毒性ガスを冷媒ガスとする受液器に設ける液面計は，丸形ガラス管液面計**以外**のものを使用すること．

⑪　受液器にガラス管液面計を設ける場合は，その破損防止のための措置を講じ，可燃性ガス又は毒性ガスでは当該受液器とガラス管液面計とを接続する配管には，液面計破損による漏えいを防止する措置（止め弁等）を講ずること．

⑫　可燃性ガスの製造施設には，その規模に応じて，適正な消火設備を設けること．

⑬　毒性ガスを冷媒ガスとする冷凍設備に係る受液器で，その内容積が10 000リットル以上のものの周囲には，液状の当該ガスが漏えいした場合に，その流出を防止するための措置（**防液堤**）を講ずること．

⑭　可燃性ガス（アンモニアを除く）を冷媒ガスとする冷凍設備に係る電気設備は，設置場所及びガスの種類に応じた防爆性能を有する構造であること．

⑮　可燃性ガス，毒性ガス又は特定不活性ガスの製造施設には，漏えいガスが滞留するおそれのある場所に，漏えいを検知し，かつ，警報設備を設けること．ただし，吸収式アンモニア冷凍設備は，この限りではない．

⑯　毒性ガスの製造設備には，当該ガスが漏えいしたときに安全に，かつ，速やかに除害するための措置を講ずること．ただし，吸収式アンモニア冷凍機は，この限りではない．

⑰　製造設備に設けたバルブ又はコック（操作ボタンにより，バルブを開閉する場合は，当該操作ボタンとする．また，操作ボタン等を使用することなく自動制御で開閉されるものを除く）には，作業員が当該バルブ又はコックを適切に操作することができるような措置を講ずること．

5.3　移動式製造設備の技術上の基準

冷凍保安規則第8条で，移動式製造設備に係る技術上の基

準が定められていますが，ほとんど定置式と同じとなっています．

① 製造施設は，引火性又は発火性のたい積した場所の付近にないこと．
② 前7条第1項第②号～第④号まで，第⑥号～第⑧号まで，および第⑩号～第⑫号までの基準に適合すること．

これを暗記

❶ 冷凍保安規則第7条第1項第1～17号を覚える．

それでは，練習問題で理解を深めてください．

練習問題にチャレンジ

問題1から5は，すべて第1種製造者の定置式製造設備に関する問題です．

【問題1】 次のイ，ロ，ハの記述のうち，技術上の基準に適合しているものはどれか．

イ．冷媒ガスが不活性ガスであるので，冷媒設備の圧縮機は火気（その設備内のものを除く）の付近に設置した．

ロ．受液器に設けたガラス管液面計には，その破損を防止する措置を講じなかった．

ハ．製造設備に設けたコック（操作ボタン等を使用することなく自動制御で開閉されるものを除く）には，作業員が適切に操作できるような措置を講じた．

(1) イ　　(2) ロ　　(3) ハ　　(4) イ，ロ　　(5) イ，ハ

解答と解説

イ．冷凍則第7条第1項第1号により，不活性ガスでも，火気の付近に設置してはいけません．【イ：×】

ロ．冷凍則第7条第1項第11号により，ガラス管液面計には，その破損を防止する措置を講じなければなりません．【ロ：×】

ハ．冷凍則第7条第1項第17号により，作業員が当該バルブ又は，コックを適切に操作できるような措置を講じる必要があります．【ハ：○】

これより，正しいものは，ハ．

正解：(3)

【問題2】 次のイ，ロ，ハの記述のうち，技術上の基準に適合しているものはどれか．

イ．冷媒設備のうち受液器の気密試験は，許容圧力と同じ圧力で行った．

ロ．冷媒設備のうち配管は，強度計算により適切な強度を有していることを確認したので，気密試験は行わなかった．

ハ．冷媒設備のうち圧縮機の耐圧試験は，許容圧力の1.5倍の圧力で行った．

(1) イ　　(2) ハ　　(3) イ，ロ
(4) イ，ハ　　(5) イ，ロ，ハ

解答と解説

イ．冷凍則第7条第1項第6号により，冷媒設備は，許容圧力以上の圧力で行う気密試験を行う必要があります．【イ：○】

ロ．冷凍則第7条第1項第6号により，配管は，強度計算に

より適切な強度を有していることを確認しても，気密試験は行わなければなりません．【ロ：×】

ハ．冷凍則第7条第1項第6号により，冷媒設備は，配管以外の部分（圧縮機など）について許容圧力の1.5倍以上の圧力で行う耐圧試験を行う必要があります．【ハ：○】

これより，正しいものは，イ，ハ．

正解：(4)

【問題3】 次のイ，ロ，ハの記述のうち，技術上の基準に適合しているものはどれか．

イ．アンモニア冷媒設備に設けた安全弁（特に定めるものを除く）には，放出管を設けなければならない．

ロ．アンモニア製造施設の規模が小さいので，この製造施設には消火設備を設けなかった．

ハ．吸収式アンモニア冷凍設備から漏えいするアンモニアが滞留するおそれのある場所に，そのガスの漏えいを検知し，かつ，警報するための設備を設けなければならない．

(1) イ　　　(2) イ，ロ　　　(3) イ，ハ
(4) ロ，ハ　　(5) ハ

解答と解説

イ．冷凍則第7条第1項第9号では，「アンモニア冷凍設備に設けた安全弁には，放出管を設けること」となっています．【イ：○】

ロ．冷凍則第7条第1項第12号により，第1種製造者においては，可燃性ガスの製造施設には規模に関わらず消火設備を設けなければなりません．【ロ：×】

ハ．冷凍則第7条15では，「可燃性ガス又は毒性ガス（アンモニアなど）の製造施設には，漏えいガスが滞留するおそれのある場所に，漏えいを検知し，かつ，警報設備を設けること．ただし，吸収式アンモニア冷凍設備は，この限りではない」となっており，吸収式アンモニアは不要です．
【ハ：×】

これより，正しいものは，イ．

正解：(1)

【問題4】　次のイ，ロ，ハの記述のうち，技術上の基準に適合しているものはどれか．

イ．定置式アンモニア製造設備の圧縮機，受液器及びこれらの配管を設置する室は，冷媒ガスが漏えいしたとき，外部に漏れ出さないように密閉な構造とした．

ロ．アンモニア製造設備に設けた安全弁の放出管の開口部の位置を，除害設備内とした．

ハ．冷媒設備には，圧縮機が強制潤滑方式であり，かつ，潤滑油圧力に対する保護装置を有する場合の油圧系統を除き，圧力計を設けなければならない．

(1)　イ　　　(2)　ハ　　　(3)　イ，ロ
(4)　ロ，ハ　(5)　イ，ロ，ハ

解答と解説

イ．冷凍則第7条第1項第3号には，「圧縮機，油分離器，凝縮器および受液器またはこれらの間の配管（可燃性ガス又は毒性ガスに限る）を設置する部屋は，冷媒ガスが漏えいしたとき**滞留しないような構造**とすること」とあり，誤

りです.【イ：×】

ロ．冷凍則第7条第1項第9号には,「放出管の開口部の位置は,放出する冷媒ガスの性質に応じた適切な位置であること」とあり,また,除害のための設備内というのは正しい.【ロ：○】

ハ．冷凍則第7条第1項第7号により,正しい記述です.【ハ：○】

これより,正しいものは,ロ,ハ.

正解：(4)

【問題5】 次のイ,ロ,ハの記述のうち,技術上の基準に適合しているものはどれか.

イ．フルオロカーボン134aの製造設備は,衝撃や腐食等により,冷媒ガスが漏れないものでなければならない.

ロ．冷媒設備の配管は,許容圧力の1.5倍で行う耐圧試験に合格するものでなければならない.

ハ．不活性ガスであるフルオロカーボン134aの冷媒設備には,警戒標を外部から見やすいように掲示しなくてもよい.

(1) イ　　　(2) ハ　　　(3) イ,ロ
(4) イ,ハ　　(5) ロ,ハ

解答と解説

イ．冷凍則第7条第1項第4号には,「製造設備は,振動,衝撃,腐食等により冷媒ガスが漏れないものであること」とあり,正しい.【イ：○】

ロ．冷凍則第7条第1項第6号には,「冷媒設備は,許容圧力以上の圧力で行う気密試験及び**配管以外の部分**について許容圧力の1.5倍以上の圧力で行う耐圧試験をする」とあ

り，**配管**は耐圧試験を行う必要はありません．【ロ：×】

ハ．冷凍則第7条第1項第2号には，「製造設備には，当該設備の外部から見やすいように警戒標を掲げること」とあり，冷媒の種類には関係なく，警戒標を掲げる必要があります．【ハ：×】

これより，正しいものは，イ．

正解：(1)

どうでしたか．法令の学習は，難解な用語が多く出てきて，また，覚えることが多くてとてもたいへんです．あわてないで，ちょっと一休みしていって下さい．

ここでちょっと一休みしましょう

　前回までは，受験テクニックや問題攻略法などのお話しをしましたが，今回は年輩の方を中心に記憶力のお話しをしたいと思います．自称若い方は，読まないで次に進んでください．

　では唐突ですが，皆さんは何歳でしょうか．"なんて失礼な奴"だと思わないでください．皆さんもご承知(?)のように，一般に記憶力はある年齢とともに下がってきます．ここで，ある年齢とは人それぞれ違うとは思いますが，私の場合20歳前後がピークで，現在（?歳）までどんどん悪くなって，現在進行形で降下しています．たぶん，普通の人の記憶力は15～25歳くらいまでにピークを向かえ，後は降下していくのではないかと思います．30歳以上の方は身をもって体験している人も多いはずです．

　なぜ，記憶力の話しをしたかといえば，勉強のほとんどは記憶が中心だからです．こう書くと，30歳以上の方は"あ～あ"とあきらめムードが漂ってきそうですが，ここであきらめてはいけません．確かに小，中学生の記憶力というのは，私たち年輩にしてみれば，想像を絶する力です．勉強や，それ以外でも芸能人や漫画のこと，携帯電話のメール交換など，本当にうらやましい限りです．一度聞いただけで簡単に覚えられる，あの頃の記憶力があればなぁと私自身も思います．

　しかし，昔を思い出してみてください．若い頃の記憶というのは，興味のあることは自然に覚えられますが，興味のないこと（特に勉強など）は，何回聞いても分からなかった経験がなかったでしょうか．少くとも私は，勉強にあまり関心

がなく，分からないことだらけでした．勉強に関しては，若いとか，年輩とかはあまり関係なく，いかに興味を持つことができるかが，大きなパワーを生み出すのではないかと私は考えています．

　確かに，興味の度合いが同じであれば，たぶん若い方の方がどんどん先に進むのは間違いではありません．やっぱり，若い方が有利じゃないかという方もおられると思います．否定はしませんが，小さい頃を思い出してください．小学生時代に英語やそろばん，習字などいろんな習い事をした人も多くいると思います．しかし，現在も役に立っている人は何人いるでしょう．少年時代だけで終わった方もたくさんおられると思います．何を言いたいかといえば，若いときには覚えるのも早いですが，忘れるのはもっと早いということを言いたいのです．

　年輩の皆さんは，会社で仕事を始めて何年になりますか．

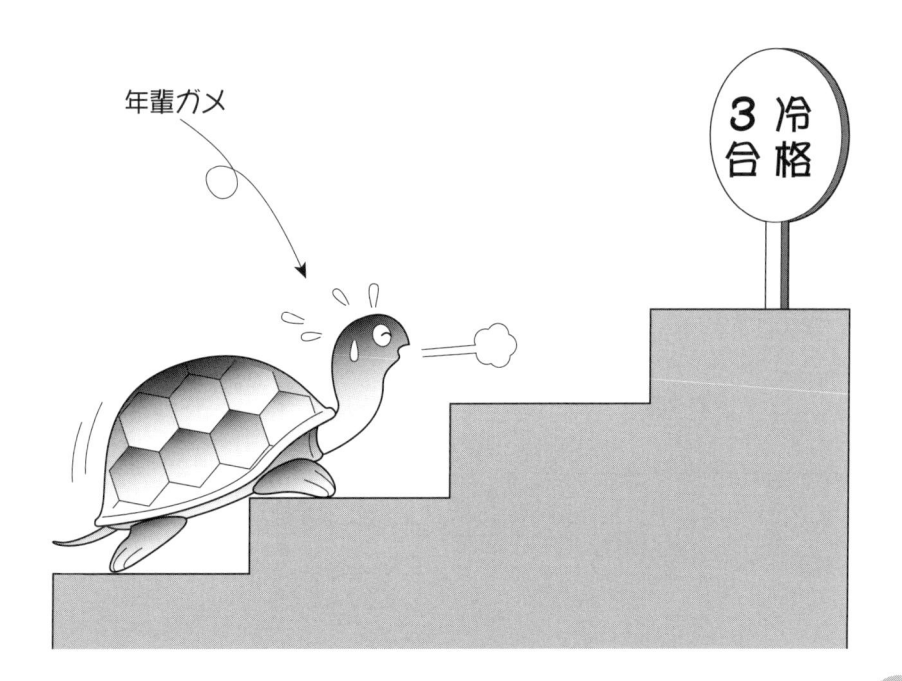

年輩ガメ

3 冷
合 格

長い短いにかかわらず，学校を卒業した頃，会社に入った頃の自分を思い出して下さい．入社してから何回も失敗や成功などいろんな経験，また仕事上の勉強やノウハウを積んで，現在の自分があるのではないかと思います．そんな自分が，入社したての頃よりダメだと思いますか．他人と比べるのではなく，自分自身を比べるのですからね．私は，今でも経験不足を感じますが，昔の自分はもっとダメだったと思っています．話が，長くなりましたが，大人になると一つのことを覚えるにはとても長い時間がかかりますが，逆に一度そのことを覚えるとなかなか忘れないのが，年輩のいいところなのです．若い人は，普通覚えるのも早いですが，忘れるのはもっと早いのです．学習のスピードで若い人に勝負するのではなく，カメさんのようにゆっくりでもいい，着実に一歩一歩前進して行くように心掛けて下さい．

　記憶力の低下は，年齢とともに進みます．でも，新しいことにチャレンジする気構えをしっかり持っていれば，若者にまだまだ負けないはずです．何事にも動じない世間のおばさんパワー（失礼ですね）を見習って，若者に年輩パワー（熟年パワー）を見せつけて下さい．若者の何倍も社会でのいろんな経験（技術，技能，etc）を皆さんは，お持ちなのですから．

　一応，まとめると以下となります．
（年輩の学習の心得）
　一　しっかりした目標を持つ．
　一　目標に対する興味を持つ．
　一　若者と，学習スピードを競う必要はない．
　一　カメさんを見習って，一歩一歩進む．

第6章 製造方法の技術基準

製造方法の技術基準
バルブ等の操作に係る措置
　の技術基準
その他の技術基準

本章では，冷凍設備の製造方法の技術上の基準，つまり冷凍設備の運転や保全の基準について学習します．本章も覚えることばかりですが，ゆっくり確実に学習を進めて行って下さい．

6.1　製造方法の技術基準

製造方法の技術基準は，冷凍保安規則第9条第①号〜第④号に定められています．

ここが重要！

① 安全弁に付帯して設けた止め弁は，常に**全開**にしておくこと．ただし，安全弁の修理又は清掃（以下，**修理等**）のため特に必要な場合は，この限りではない．

② 高圧ガスの製造は，製造する高圧ガスの種類及び製造設備の態様に応じ，**1日に1回以上**当該設備の属する製造設備の異常の有無を点検し，異常のあるときは，当該設備の補修その他の危険を防止する措置を講ずること．

③ 冷凍設備の修理等及びその修理等をした後の高圧ガスの製造は，次に掲げる基準により保安上支障のない状態で行うこと．

イ．修理等をするときは，あらかじめ，修理等の**作業計画**及び当該**作業の責任者**を定め，修理等は当該作業計画に従い，かつ，当該責任者の監視の下に行うこと又は，異常があったときに直ちにその旨を当該責任者に通報するための措置を講じて行うこと．

ロ．可燃性ガス又は毒性ガスを冷媒ガスとする冷媒設備の修理等をするときは，危険を防止するための措置（窒素ガスや水等の反応しにくいガスや液体で置換する等の危険防止の措置）を講ずること．

ハ．冷媒設備を開放して修理等をするときは，当該冷媒設備のうち開放する部分に他の部分からガスが漏えいすることを防止するための措置を講ずること．

ニ．修理等が終了したときは，当該冷媒設備が正常に作動することを確認した後でなければ製造をしないこと．

④ 製造設備に設けたバルブを操作する場合には，バルブの材質，構造及び状態を勘案して過大な力を加えないよう必要な措置を講ずること．

6.2　バルブ等の操作に係る措置の技術基準

冷凍保安規則第7条第1項第⑰号に規定するバルブ等（バルブまたはコック）を安全かつ適切に操作する基準は，関係例示基準「15.バルブ等の操作に係る適切な措置」として以下のように規定しています．

1　手動操作するバルブ等には，バルブ等の**開閉方向**を明示すること．

2　操作することにより，製造設備に保安上重大な影響を与えるバルブ等（安全弁の元弁，電磁弁，緊急放出弁，冷却水止め弁など）には，**開閉状態**を明示すること．

③ バルブ等（操作ボタンにより開閉するもの及び操作することにより当該バルブ等に係る製造設備に保安上重大な影響を与えるバルブ等であって，可燃性ガス又は毒性ガス以外の冷媒ガスを除く）に係る配管には，当該バルブ等に近接する部分に，冷媒ガス，その他の流体の種類を塗色，油性インキ，銘板又はラベル等で表示するとともに流れの方向を表示すること．
④ 操作することにより，製造設備に保安上重大な影響を与えるバルブ等のうち，通常使用しないバルブ等には誤操作を防止するため施錠，封印又はハンドルを取り外すなどの措置を講ずること．
⑤ バルブ等を操作する場所には，当該バルブ等の機能及び使用頻度に応じ，当該バルブ等を確実に操作するために必要な操作空間及び照度を確保すること．

6.3 その他の技術基準

その他の重要な冷凍保安規則関係例示基準を示します．
・不活性ガス以外の安全弁又は破裂板に設ける放出管の開口部の位置は，可燃性ガスは，近接する建築物又は工作物の高さ以上で周囲に着火源等のない安全な位置．毒性ガスは，当該毒性ガスの除害のための設備内．（9.（1）(2)）
・受液器に設けられたガラス管液面計は，ガラス管の破損を防止するため，金属製等の覆いを設けること．（10.1(2)）
・可燃性ガス又は毒性ガスの冷媒設備を開放して修理等する場合，他の部分からのガスの漏えいを防止するための措置は，まず内部のガスを窒素ガス又は水等で置換後，開放する部分の前後のバルブを確実に閉止し，かつ，開

放する部分におけるバルブ又は配管の継手に仕切板を挿入すること.

これを暗記
❶ 冷凍保安規則第9条を覚える.
❷ 冷凍保安規則関係例示基準15を覚える.

それでは,練習問題で理解を深めてください.

練習問題にチャレンジ

問題1～4は,すべて第1種製造者の定置式製造設備に関する問題です.

【問題1】 次のイ,ロ,ハの記述のうち,技術上の基準に適合しているものはどれか.
イ.冷媒設備に設けた安全弁を修理するとき,その安全弁に付帯して設けている止め弁を閉止する必要があったので,閉止した.
ロ.冷媒設備の修理が終了したので,その冷媒設備が正常に作動することを確認した後に高圧ガスの製造をした.
ハ.アンモニア冷凍設備の修理のとき,あらかじめ,アンモニアを窒素ガスで置換した.
　(1) イ　　(2) ハ　　(3) イ,ロ　　(4) ロ,ハ　　(5) イ,ロ,ハ

解答と解説

イ.冷凍則第9条第1号に,「安全弁に付帯して設けた止め

弁は，常に全開にしておくこと．ただし，安全弁の修理又は清掃（以下，修理等）のため特に必要な場合は，この限りではない」とあり，安全弁を修理するときは，止め弁を閉止しても構いません．【イ：○】

ロ．冷凍則第9条第3号のニに，「修理等が終了したときは，当該冷媒設備が正常に作動することを確認した後でなければ製造をしないこと」とあり，正しい記述です．【ロ：○】

ハ．冷凍則第9条第3号のロに，「可燃性ガス又は毒性ガスの冷媒設備の修理等をするときは，危険を防止するための措置（反応しにくいガスや液体で置換する等の危険防止の措置）を講ずること」とあり，窒素ガスは反応しにくいガスですから正しい記述です．【ハ：○】

これより，正しいものは，イ，ロ，ハ．

正解：(5)

【問題2】 次のイ，ロ，ハの記述のうち，技術上の基準に適合しているものはどれか．

イ．フルオロカーボン134aの冷凍設備の修理のとき，あらかじめ，修理の作業計画及び作業責任者を定め，その作業計画に従い，かつ，その作業責任者の監視の下で行った．

ロ．アンモニアは可燃性ガスで危険なので，製造設備の異常の有無を1日に3回点検した．

ハ．アンモニアは毒性ガスで危険なので，冷媒設備を修理するときは，作業計画を定めるが，フルオロカーボン134aは不燃性ガスなので，その作業計画を定めなくてもよい．

(1) イ　　　(2) ロ　　　(3) イ，ロ
(4) ロ，ハ　(5) イ，ロ，ハ

解答と解説

イ．冷凍則第9条第3号のイに，このとおり規定されています．【イ：○】

ロ．冷凍則第9条第2号により，1日に1回以上当該設備の属する製造設備の異常の有無を点検する必要があります．点検を1日に3回しても良いです．なお，点検により異常が発見された場合は，その設備の補修，その他の危険を防止する措置を講じなければなりません．【ロ：○】

ハ．冷凍則第9条第3号のイにより，冷媒ガスが可燃性や毒性，不燃性に関わらず，作業計画を定めなければなりません．【ハ：×】

これより，正しいものは，イ，ロ．

正解：(3)

【問題3】 次のイ，ロ，ハの記述のうち，技術上の基準に適合しているものはどれか．

イ．フルオロカーボン134aの製造設備で，操作することにより当該製造施設に保安上重大な影響を与えるバルブには，そのバルブの開閉方向及び開閉状態を明示しなければならない．

ロ．製造設備のバルブを操作する場所には，そのバルブの機能及び使用頻度に応じ，そのバルブを確実に操作するために必要な操作空間を設ければならないが，照度を確保することはない．

ハ．自動制御で開閉されるバルブには，その開閉方向を明示しなければならない．

(1) イ　　(2) ハ　　(3) イ，ロ
(4) イ，ハ　(5) ロ，ハ

解答と解説

イ．関係例示基準 15 の 1 および 2 に，開閉方向，開閉状態を明示するよう定められています．【イ：○】

ロ．関係例示基準 15 の 5 より，バルブ等を確実に操作するために必要な操作空間を設けるとともに，必要な照度も確保する必要があります．【ロ：×】

ハ．関係例示基準 15 の 1 に，「**手動操作**するバルブ等には，バルブ等の開閉方向を明示すること」とあり，自動制御で開閉されるバルブまたはコックは除かれます．【ハ：×】

これより，正しいものは，イ．

正解：(1)

【問題 4】 次のイ，ロ，ハの記述のうち，技術上の基準に適合しているものはどれか．

イ．安全弁に付帯して設けたバルブは，誤操作を防止するため常に閉止し，かつ，バルブには封印を施した．

ロ．受液器に接続する配管の受液器直近に設けたバルブは，運転停止後には，その構造に関わらず，通常より強い力を加えて閉止しなければならない．

ハ．冷媒設備を開放して修理するときは，当該開閉する部分に他の部分からガスが漏えいすることを防止する措置を講じて修理しなければならない．

(1) イ　　(2) ハ　　(3) イ，ロ　　(4) イ，ハ　　(5) ロ，ハ

解答と解説

イ．冷凍則第 9 条第 1 号により，安全弁に付帯して設けた止

め弁は，**常に全開**にしておく必要があります．関係例示基準154の誤操作防止と混同しないようにして下さい．【イ：×】

ロ．冷凍則第9条第4号に，「製造設備に設けたバルブを操作する場合には，バルブの材質，構造及び状態を勘案して過大な力を加えないよう必要な措置を講ずること」とあり，過大な力を加えてはいけません．【ロ：×】

ハ．冷凍則第9条第3号のハに，このとおり定められています．【ハ：○】

これより，正しいものは，ハ．

正解：(2)

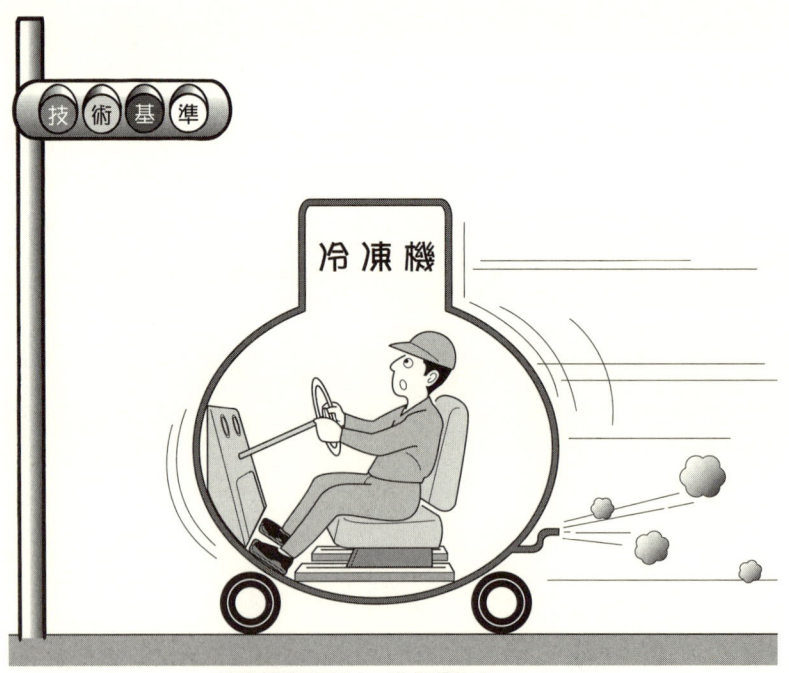

技術基準を守り、安全運転！

第7章 危害予防規程

危害予防規程
保安教育

について学ぼう

本章では，冷凍設備の保安上重要な危害予防規程と保安教育について学習します．気を引き締めてがんばりましょう．

7.1 危害予防規程

ここが重要！ 高圧ガス保安法第26条（**危害予防規程**）第(1)項～第(4)項は，次のようになっています．

(1) 第1種製造者は，危害予防規程を定め，都道府県知事に**届け出**なければならない．これを**変更した場合も同様**とする．

(2) 都道府県知事は，公共の安全の維持又は災害の発生の防止のため必要があると認められるときは，危害予防規程の変更を命ずることができる．

(3) 第1種製造者及びその従業者は，危害予防規程を守らなければならない．

(4) 都道府県知事は，第1種製造者又はその従業者が危害予防規程を守っていない場合において，公共の安全の維持又は災害の発生の防止のため必要があると認められるときは，第1種製造者に対し，当該危害予防規程を守るべきこ

と又はその従業者に当該危害予防規程を守らせるための必要な措置をとるべきことを命じ，又は勧告することができる．

ここが重要！ また，上記の法第26条の危害予防規程の細目が，**冷凍保安規則第35条**で決められています．

(1) 法第26条第1項の規定により（危害予防規程を）届出しようとする第1種製造者は，危害予防規程届出書に危害予防規程を添えて，事業所の所在地を管轄する都道府県知事に提出しなければならない．

(2) 法第26条（**危害予防規程**）第1項の**経済産業省令で定める事項**は，次の各号に掲げる事項の細目とする．

① 製造施設，方法の技術上の基準に関すること．
② 保安管理体制及び冷凍保安責任者の行うべき職務に関すること．
③ 製造設備の安全な運転及び操作に関すること．
④ 製造施設の保安に係る巡視及び点検に関すること．
⑤ 製造施設の増設に係る工事及び修理作業の管理に関すること．
⑥ 製造施設が危険な状態となったときの措置及びその訓練方法に関すること．
⑦ 協力会社の作業の管理に関すること．
⑧ 従業者に対する当該危害予防規程の周知方法及び当該危害予防規程に違反した者に対する措置に関すること．
⑨ 保安に係る記録に関すること．
⑩ 危害予防規程の作成及び変更の手続きに関すること．
⑪ 前各号に掲げるもののほか災害の発生の防止のために必要な事項に関すること．

7.2　保安教育

ここが重要！ 　高圧ガス保安法第27条（保安教育）は，次のようになっています．

(1)　**第1種製造者**は，その従業者に対する**保安教育計画**を定めなければならない．

(2)　都道府県知事は，公共の安全の維持又は災害の発生の防止上十分でないと認めるときは，前項の保安教育計画の変更を命ずることができる．

(3)　第1種製造者は，保安教育計画を忠実に実行しなければならない．

ここが重要！ (4)　**第2種製造者**，第1種貯蔵所，第2種貯蔵所の所有者若しくは占有者，販売業者又は特別高圧ガス消費者（第2種製造者等という）は，その**従業者に保安教育**を施さなければならない．

(5)　都道府県知事は，第1種製造者が保安教育計画を忠実に実行していない場合において，公共の安全の維持又は災害の発生の防止のため必要があると認められるとき，又は第2種製造者等がその従業者に施す保安教育が公共の安全の維持又は災害の発生の防止上十分でないと認められるときは，第1種製造者又は第2種製造者等に対し，それぞれ，当該保安教育計画を忠実に実行し，又はその従業者に保安教育を施し，若しくはその内容若しくは方法を改善すべきことを勧告することができる．

(6)　協会は，高圧ガスによる災害の防止に資するため，高圧ガスの種類ごとに，第1項の保安教育計画を定め，又は第4項の保安教育を施すに当たって基準となるべき事項を作成し，これを公表しなければならない．

> **これを暗記**
> ❶ 法第26条，冷凍則第35条の危害予防規程の内容を覚える．
> ❷ 法第27条の保安教育について覚える．

それでは，練習問題で理解を深めてください．

練習問題にチャレンジ

【問題1】 次のイ，ロ，ハの記述のうち，危害予防規程に定めるべき事項について，正しいものはどれか．
イ．製造施設の増設にかかる工事及び修理作業の管理に関すること．
ロ．危害予防規程の作成及び変更の手続きに関すること．
ハ．保安に係る記録に関すること．

　(1) イ　　　　(2) イ，ロ　　　　(3) イ，ハ
　(4) ロ，ハ　　(5) イ，ロ，ハ

解答と解説

イ．冷凍則第35条第2項第5号に定められています．【イ：○】
ロ．冷凍則第35条第2項第10号に定められています．【ロ：○】
ハ．冷凍則第35条第2項第9号に定められています．【ハ：○】
これより，正しいものは，イ，ロ，ハ．

正解：(5)

【問題2】 次のイ，ロ，ハの記述のうち，正しいものはどれか．

イ．第2種製造者は，その従業者に対する保安教育計画を定める必要はない．

ロ．第1種製造者は，危害予防規程を定めこれを知事に届け出なければならないが，その規定を変更したときは知事に届け出る必要はない．

ハ．第1種製造者が定める危害予防規程には，冷凍保安責任者の行うべき職務に関する項もある．

(1) イ　　(2) ハ　　(3) イ，ロ
(4) イ，ハ　　(5) ロ，ハ

解答と解説

イ．法第27条第1項より，**第1種製造者**の場合は，その従業者に対する保安教育計画を定めなければならないのですが，第2種製造者は，法第27条第4項より，従業者に保安教育を施す必要があるだけで，保安教育計画を定める必要はありません．【イ：○】

ロ．法第26条第1項に，「第1種製造者は，危害予防規程を定め，都道府県知事に届け出なければならない．これを変更した場合も同様とする」とあり，変更も同様に届け出なければなりません．【ロ：×】

ハ．冷凍則第35条第2項第2号に，「保安管理体制及び冷凍保安責任者の行うべき職務の範囲に関すること」と定められています．【ハ：○】

これより，正しいものは，イ，ハ．

正解：(4)

【問題3】 次のイ，ロ，ハの記述のうち，危害予防規程に定めるべき事項として，正しいものはどれか．

イ．従業者に対する危害予防規程の周知方法に関すること．
ロ．製造施設が危険な状態となったときの措置及びその訓練方法に関すること．
ハ．協力会社の作業の管理に関すること．
　(1) イ　　(2) ロ　　(3) イ，ロ　　(4) ロ，ハ　　(5) イ，ロ，ハ

解答と解説

イ．冷凍則第35条第2項第8号で定められています．【イ：○】
ロ．冷凍則第35条第2項第6号で定められています．【ロ：○】
ハ．冷凍則第35条第2項第7号で定められています．なお，協力会社には下請会社も入ります．【ハ：○】

これより，正しいものは，イ，ロ，ハ．

正解：(5)

どうでしたか．よく整理しておいて下さい．

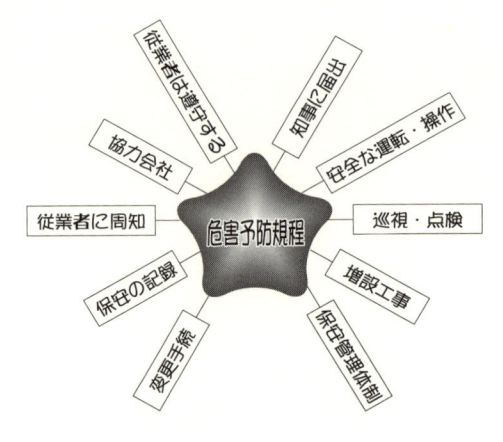

第8章 冷凍保安責任者

冷凍保安責任者
冷凍保安責任者の代理者

について学ぼう

本章では，皆さんが目指している冷凍機械責任者に関係が深い，冷凍保安責任者について学習します．

8.1 冷凍保安責任者

冷凍保安責任者とは，第1種製造者，第2種製造者などの事業場で冷凍設備の運転や保安の責任者のことをいい，法27条の4などで以下のように規定されています．

＜冷凍保安責任者の選任＞

次に掲げる者は，事業所ごとに経済産業省令で定めるところにより，製造保安責任者免状（冷凍機械責任者免状）の**交付**を受けている者であって，経済産業省令で定める高圧ガスの**製造に関する経験を有する者**のうちから，冷凍保安責任者を**選任**し，高圧ガスの製造に係る保安に関する業務を管理する職務を行わせなければならない．（法第27条の4第1項）

第1号 第1種製造者であって，法第5条第1項第2号に規定する者．（製造のための施設が省令で定める施設である者その他省令で定めるものを除く）

＜冷凍保安責任者を選任しなくてもよい第1種製造者＞

　第1種製造者は，冷凍保安責任者を選任するよう定められていますが，省令で定めるものは選任しなくてもよいことになります．この省令で定める施設とは，次のように規定されています．（冷凍則第36条第2項）．

第1号　製造設備が可燃性ガスおよび毒性ガス（アンモニアを除く）以外のガスを冷媒ガスとするものである製造設備であって，次のイからチまでに掲げる要件を満たすもの（アンモニアを冷媒ガスとする製造設備により，二酸化炭素を冷媒ガスとする自然循環式冷凍設備の冷媒ガスを冷凍する製造設備にあっては，アンモニアを冷媒ガスとする製造設備の部分に限る）．

　イ　機器製造業者の事業所において次の事項が行われるもの．

　　① 冷媒設備および圧縮機用原動機を一の架台上に一体に組立てること．

　　② 製造設備がアンモニアを冷媒ガスとするものである製造施設（設置場所が専用機械室である場合を除く）にあっては，冷媒設備および圧縮機用原動機をケーシング内に収納すること．

　　③ 省略

　　④ 冷媒ガスの配管の取付けを完了し気密試験を実施すること．

　　⑤ 冷媒ガスを封入し，試運転を行って保安の状況を確認すること．

　ハ　圧縮機の高圧側の圧力が許容圧力を超えたときに圧縮機の運転を停止する高圧遮断装置のほか，次に掲げるところにより必要な自動制御装置を設けるものであること．

① 開放型圧縮機には，低圧側の圧力が常用の圧力より著しく低下したときに圧縮機の運転を停止する低圧遮断装置を設けること．
② 省略
③ 圧縮機を駆動する動力装置には，過負荷保護装置を設けること．
④ 液体冷却器には，液体の凍結防止装置を設けること．
ニ　製造設備がアンモニアを冷媒ガスとするものである製造施設にあっては，ハに掲げるところによるほか，次に掲げるところにより必要な自動制御装置を設けるものであること．
⑦ 容積圧縮式圧縮機には，吐出される冷媒ガス温度が設定温度以上になった場合に当該圧縮機の運転を停止する高温遮断装置を設けること．
ホ　製造設備がアンモニアを冷媒ガスとするものである製造施設にあっては，当該製造設備の1日の冷凍能力が60トン未満であること．
ト　製造設備が使用場所に分割して搬入される製造施設にあっては，冷媒設備に溶接または切断を伴う工事を施すことなしに再組立てをすることができ，かつ，直ちに冷凍の用に供することができるものであること．
チ　製造設備に変更の工事が施される製造施設にあっては，当該製造設備の設置台数，取付位置，外形寸法および冷凍能力が機器製造時と同一であるとともに，当該製造設備の部品の種類が，機器製造時と同等のものであること．

第2号　R114の製造設備に係る製造施設
3冷の試験問題において，事業所の例として，

「圧縮機用原動機が一つの架台上に一体に組み立てられていないものであって，かつ，認定指定設備でないもの」とされた場合，冷凍則第36条第2項第1号イ1により，冷凍保安責任者を選任しなければならない施設となります．また，認定指定設備では製造の許可は必要なくなりますが，この事業所は"認定指定設備でない"となっているので，第1種製造者として冷凍保安責任者を選任しなければなりません．

アンモニアは，冷凍能力が60トン未満で，冷凍則第36条第2項の製造設備のものは冷凍保安責任者を選任しなくともよく，フルオロカーボンの製造施設においては，300トン未満とされていた制限がなくなりました．

第1号トおよびチにおいて，製造設備の変更の工事等の際，溶接，切断を伴う工事を施した場合，機器製造時と同一の部品でない場合は，冷凍則第36条第2項の適用を受けられなくなり，冷凍保安責任者の選任をしなければなりません．

＜冷凍保安責任者を選任しなくてもよい第2種製造者＞

冷凍保安責任者を選任する必要のない第2種製造者は，次の各号のいずれかに掲げるものとする．(冷凍則第36条第3項)

第1号 冷凍のためガスを圧縮し，または液化して高圧ガスの製造をする設備でその1日の冷凍能力が3トン以上(不活性なフルオロカーボンにあっては，20トン以上．アンモニアまたは不活性なもの以外のフルオロカーボンにあっては，5トン以上20トン未満)のものを使用して高圧ガスを製造する者

ここでは，第2種製造者として，20トン未満のものは冷凍保安責任者を選任しなくともよいのですが，アンモニアま

たはフルオロカーボン（不活性のものに限る）は選任しなければなりません．

第2号 前項第1号の製造施設（アンモニアを冷媒ガスとするものに限る）であって，その製造設備の1日の冷凍能力が20トン以上50トン未満のものを使用して高圧ガスを製造する者

と定められており，第2種製造者で，冷凍保安責任者を選任しなければならないものは**フルオロカーボン（不活性のものを除く）**については，**冷凍保安責任者を選任**することになります．この点は重要事項としてよく整理して覚えておきましょう．

すでに，第1種製造者，第2種製造者については学習済みですが，復習のため表8-1にその区分を示します．

表8-1 第1種製造者・第2種製造者

第1種製造者	第2種製造者
1日の冷凍能力20トン以上	冷凍能力：3トン以上20トン未満
フルオロカーボン（不活性のもの）50トン以上	フルオロカーボン（不活性のもの）20トン以上50トン未満
アンモニア及びフルオロカーボン（不活性以外）50トン以上	アンモニア及びフルオロカーボン（不活性以外）5トン以上50トン未満

冷凍機械責任者免状とその職務の範囲を表8-2に示します．

表8-2 冷凍機械責任者免状と職務の範囲

製造保安責任者免状の種類	職務を行うことができる範囲
第1種冷凍機械責任者免状	製造施設における製造に係る保安
第2種冷凍機械責任者免状	1日の冷凍能力が300トン未満の製造施設における製造に係る保安
第3種冷凍機械責任者免状	1日の冷凍能力が100トン未満の製造施設における製造に係る保安

製造施設の区分，免状の種類，製造に関する経験などを表8-3に示します．

表8-3 製造施設の区分，免状の種類，製造に関する経験

製造施設の区分	製造保安責任者免状の交付を受けている者	高圧ガスの製造に関する経験
1日の冷凍能力が300トン以上のもの	第1種冷凍機械責任者免状	1日の冷凍能力が100トン以上の製造施設を使用してする高圧ガスの製造に関する1年以上の経験
1日の冷凍能力が100トン以上300トン未満のもの	第1種又は第2種冷凍機械責任者免状	1日の冷凍能力が20トン以上の製造施設を使用してする高圧ガスの製造に関する1年以上の経験
1日の冷凍能力が100トン未満のもの	第1種，第2種又は第3種冷凍機械責任者免状	1日の冷凍能力が3トン以上の製造施設を使用してする高圧ガスの製造に関する1年以上の経験

8.2 冷凍保安責任者，代理者等

冷凍保安責任者関係の法令を次に記述しておきます．

法第27条の4 冷凍保安責任者を選任したときは，遅滞なく，その旨を都道府県知事に届け出なければならない．これを解任したときも同様とする．

ここが重要！ **法第33条** 冷凍保安責任者を選任しなければならない事業所は，あらかじめ冷凍保安責任者の**代理者を選任**し，冷凍保安責任者の旅行，疾病その他の事故によって，その職務を行うことができない場合に，その職務を代行させなければならない．

なお，この代理者は冷凍保安責任者の選任条件と同じで，免状の交付を受け，製造の経験を有する者（有資格者）から選任しなくてはなりません．つまり，冷凍保安責任者を選任しなければならない事業所には，常に2名の有資格者が必要となります．

これを暗記

❶ 第1種, 第2種製造者は, 冷凍保安責任者および代理者を選任する必要がある. ただし, 除かれる製造施設もある.

❷ 冷凍保安責任者および代理者の選任条件は, 所定の製造保安責任者免状を有し, 所定の製造の経験がある者.

それでは, 練習問題で理解を深めてください.

練習問題にチャレンジ

【問題1】 次のイ, ロ, ハの記述のうち, 正しいものはどれか.

イ. 冷凍保安責任者を選任する必要のある第1種製造者は, 必ず代理者も選任しなければならない.

ロ. すべての第2種製造者は, 冷凍保安責任者を選任しなくてもよい.

ハ. アンモニアを冷媒ガスとする1日の冷凍能力120トンの製造施設に, 第2種冷凍機械責任者免状の交付を受け, かつ所定の経験を有している者を選任した.

(1) イ　　(2) ハ　　(3) イ, ロ
(4) イ, ハ　(5) イ, ロ, ハ

解答と解説

イ．法第33条に，「あらかじめ冷凍保安責任者の**代理者を選任**し，冷凍保安責任者の旅行，疾病その他の事故によって，その職務を行うことができない場合に，その職務を代行させなければならない」とあり，正しい記述です．【イ：○】

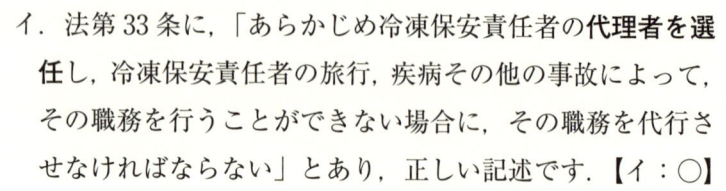

ロ．第2種製造者でも，冷凍保安責任者の選任を必要とする場合があり，誤りです．（冷凍則第36条第3項第1号および第2号により，不活性のものを除いたフルオロカーボンの第2種製造者で20トン以上50トン未満のものは，選任が必要です）．【ロ：×】

ハ．第2種冷凍機械責任者免状の交付を受け，かつ所定の経験を有している者は，300トン未満の製造施設に選任できます．【ハ：○】

これより，正しいものは，イ，ハ．

正解：(4)

【問題2】 次のイ，ロ，ハの記述のうち，正しいものはどれか．

イ．冷凍保安責任者の職務は，高圧ガスの製造に係る保安に関する業務を管理することである．

ロ．すべての第1種製造者は，冷凍保安責任者を選任しなくてはならない．

ハ．冷凍保安責任者の代理者は，所定の製造保安責任者免状の交付を受けている者であれば，所定の経験を有していなくても選任することができる．

(1) イ　　　(2) ロ　　　(3) イ，ロ
(4) ロ，ハ　(5) イ，ロ，ハ

解答と解説

イ．このとおりです．（法第32条第6項）【イ：○】

ロ．冷凍則第36条第2項に定められている条件を満たしているものは，冷凍能力の上限に関係なく，つまり，第1種製造者でも冷凍保安責任者を選任しなくても構いません．【ロ：×】

ハ．冷凍保安責任者の代理者も冷凍保安責任者と同様で，所定の製造保安責任者免状の交付を受けている者，所定の経験を有している者を選任する必要があります．【ハ：×】

これより，正しいものは，イ．

正解：(1)

【問題3】 次のイ，ロ，ハの記述のうち，正しいものはどれか．

イ．冷凍保安責任者の代理者は，冷凍保安責任者の職務を代行する場合は，高圧ガス保安法の規定の適用については，冷凍保安責任者とみなされる．

ロ．フルオロカーボン134aを冷媒ガスとした定置式製造設備（冷媒設備，圧縮機用原動機が一つの架台に一体に組み立てられていないもの）で1日の冷凍能力が60トンである製造施設には，冷凍保安責任者及びその代理者を選任しなければならない．

ハ．冷凍保安責任者を選任したときは，都道府県知事にその旨を届け出なければならないが，それを解任したときは届け出なくてよい．

(1) イ　　　(2) イ，ロ　　　(3) イ，ハ
(4) ロ，ハ　　(5) イ，ロ，ハ

解答と解説

イ．法第33条第2項により，このとおりです．保安統括者（冷凍保安責任者）の代理者が職務を代行する場合は，保安統括者（冷凍保安責任者）とみなされます．【イ：○】

ロ．フルオロカーボン134aで50トン以上ですから，第1種製造者です．冷凍則第36条第2項第1号イ1に適合していないので，冷凍保安責任者およびその代理者を選任しなければなりません．【ロ：○】

ハ．冷凍保安責任者を選任したときは，都道府県知事にその旨を届け出し，それを解任したときは，解任届をしなくてはいけません．【ハ：×】

これより，正しいものは，イ，ロ

正解：(2)

どうでしたか．よく整理しておいて下さい．

――― 責任者の心得 ―――
1．常に高圧ガス保安規程を守り、製造……
2．………………………………………
3．………………………………………………

製造保安責任者免状

免状の種類	第3種冷凍機械責任者
免状の番号	00570058
氏　名	冷凍 花子
生年月日	昭和○○年1月27日

高圧ガス保安法第29条の規定によりこの免状を交付する．

平成14年3月9日

○○県知事　△△△△　　○○県知事印

第9章 保安検査・定期自主検査

保安検査
定期自主検査

本章では，保安検査と定期自主検査について学習します．

9.1 保安検査

自動車は普通2年に一度車検を受けないと，その車に乗ってはいけませんよね．保安検査とは，この車検みたいなものです．製造施設を一定期間，運転した後，その設備が法令上の技術基準を満たしているかを点検・確認する法定検査の一つです．

ここが重要！ **保安検査**については，法第35条で規定されています．

法第35条 第1種製造者は，高圧ガスの爆発その他災害が発生するおそれがある製造のための施設（**特定施設**）について，定期に，都道府県知事が行う保安検査を受けなければならない．ただし，次の各号に掲げる場合は，この限りではない．

第1号 特定施設のうち，高圧ガス保安協会又は経済産業大臣の指定する者（指定保安検査機関）が行う保安検査を受け，その旨を都道府県知事に届け出た場合．

第2号 自ら特定施設に係る保安検査を行うことができ

る者として経済産業大臣の認定を受けている者（認定保安検査実施者）が，その認定に係る特定施設について，検査の記録を都道府県知事に届け出た場合．

2　前項の保安検査は，特定施設の位置，構造及び設備が経済産業省令で定める技術上の基準に適合しているかどうかについて行う．

3　協会又は指定保安検査機関は，第1項第1号の保安検査を行ったときは，遅滞なく，その結果を都道府県知事に報告しなければならない．

また，冷凍則第40条には，保安検査として次のことが規定されています．

冷凍則第40条　第1，2号に掲げるものを除く製造施設を特定施設という．

　第1号　ヘリウム，フルオロカーボン21，114を冷媒ガスとする製造施設．（つまり，この三つのガスの製造施設は，保安検査を受ける必要がありません．）

　第2号　製造施設のうち認定指定設備の部分

2　都道府県知事が行う保安検査は，**3年以内に少なくとも1回以上行うものとする．**

3　保安検査を受けようとする第1種製造者は，製造施設の完成検査証の交付を受けた日又は，前回の保安検査証の交付を受けた日から2年11月を超えない日までに，保安検査申請書を都道府県知事に提出しなければならない．

4　都道府県知事は，保安検査において特定施設が経済産業省令で定める技術上の基準に適合していると認めるときは，保安検査証を交付するものとする．

9.2　定期自主検査

　　定期自主検査は，製造施設の冷凍保安責任者などが，自ら定期的に設備の点検などを行う検査で，法第35条の2，冷凍則第44条などに規定されており，以下に示します．

　　定期自主検査は，第1種製造者，第2種製造者，特定高圧ガス消費者が行います．ただし，第2種製造者であって1日の冷凍能力が20トン未満（アンモニアおよびフルオロカーボンで不活性のものは50トン未満）の者は除きます．これより，**おもに**第1種製造者が定期自主検査を行う必要があります．

　　定期自主検査は，経済産業省令で定める技術上の基準（耐圧試験に係るものを除く）に適合しているかどうかについて，**1年に1回以上**行います．また，自主検査を行うときは，選任した冷凍保安責任者に実施について監督を行わせなければなりません．

　　定期自主検査の記録は，次の事項を記載すること．（冷凍則第44条第5項）

- 検査をした製造施設
- 検査をした製造施設の設備ごとの検査方法および検査の結果
- 検査年月日
- 検査の実施について監督を行った者の氏名

　　また，検査記録は，電磁的方法（電子的方法など）により記録・保存し，電子計算機などの機器を用いて直ちに表示されることができることなどが規定されています．

> **これを暗記**
> ❶ 第1種製造者は，特定施設について，3年に1回以上，知事等が行う保安検査を受ける．
> ❷ 定期自主検査は，1年に1回以上行う．検査記録は，検査年月日，検査方法，検査の結果，監督者の氏名などである．

それでは，練習問題で理解を深めてください．

練習問題にチャレンジ

【問題1】 次のイ，ロ，ハの記述のうち，第1種製造者が行う定期自主検査について正しいものはどれか．

イ．定期自主検査は，製造施設が所定の技術上の基準（耐圧試験に係るものを除く）に適合しているかどうかについて行わなければならない．

ロ．製造施設について，少なくとも3年に1回行うこととされている．

ハ．選任した冷凍保安責任者に，定期自主検査の実施について監督させなければならない．

(1) ハ　　　(2) イ，ロ　　　(3) イ，ハ
(4) ロ，ハ　　(5) イ，ロ，ハ

解答と解説

イ．冷凍則第44条第3項に，このとおり規定されています．【イ：○】

ロ．定期自主検査は，冷凍則第44条第3項により少なくとも1年に1回以上行うこととされています．【ロ：×】

ハ．冷凍則第44条第4項に，このとおり規定されています．【ハ：○】

これより，正しいものは，イ，ハ．

正解：(3)

【問題2】 次のイ，ロ，ハの記述のうち，正しいものはどれか．

イ．定期自主検査を実施しなければならない者は，第1種製造者のみである．

ロ．第1種製造者（認定保安検査実施者であるものを除く）は特定施設について，定期に都道府県知事が行う保安検査を受けなければならない．

ハ．保安検査は，特定施設の位置，構造及び設備が技術上の基準に適合しているかどうかについて行われる．

(1) イ　　(2) ロ　　(3) イ，ロ
(4) ロ，ハ　　(5) イ，ロ，ハ

解答と解説

イ．法第35条の2により，定期自主検査は，第1種製造者だけではなく，規定されている第2種製造者においても実施しなければなりません．【イ：×】

ロ．冷凍則第44条第3項に，このとおり規定されています．

【ロ：○】

ハ．冷凍則第44条第3項に，このとおり規定されています．

【ハ：○】

これより，正しいものは，ロ，ハ．

正解：(4)

【問題3】 次のイ，ロ，ハの記述のうち，正しいものはどれか．

イ．第1種製造者は，定期自主検査を行うときには，冷凍保安責任者を選任している場合であっても，その実施について自ら監督しなければならない．

ロ．第1種製造者は，定期に高圧ガス保安協会が行う保安検査を受けても，3年に1回以上，都道府県知事が行う保安検査を受けなければならない．

ハ．2年に1回，指定保安検査機関が行う保安検査を受けたため，都道府県知事が行う保安検査を受けなかった．

(1) イ　　　(2) ロ　　　(3) ハ
(4) イ，ロ　　(5) ロ，ハ

解答と解説

イ．定期自主検査は，第1種製造者が自ら監督するのではなく，冷凍保安責任者が監督を行います．【イ：×】

ロ．3年に1回以上，都道府県知事，高圧ガス保安協会又は指定保安検査機関が行う保安検査を受ければよいので，誤りです．【ロ：×】

ハ．ロの説明参照．2年に1回は，3年に1回以上です．【ハ：○】

これより，正しいものは，ハ

正解：(3)

【問題4】 次のイ，ロ，ハの記述のうち，定期自主検査で検査記録に記載すべき事項として正しいものはどれか．

イ．検査をした製造施設の設備ごとの検査の方法．
ロ．検査をした製造施設の設備ごとの検査の結果．
ハ．検査の実施について監督を行った者の氏名．

(1) イ　　　(2) イ，ロ　　　(3) イ，ハ
(4) ロ，ハ　(5) イ，ロ，ハ

解答と解説

イ．冷凍則第44条第5項第2号に，このとおり規定されています．【イ：○】

ロ．冷凍則第44条第5項第2号に，このとおり規定されています．【ロ：○】

ハ．冷凍則第44条第5項第4号に，このとおり規定されています．【ハ：○】

これより，正しいものは，イ，ロ，ハ．

正解：(5)

どうでしたか．よく整理しておいて下さい．

保安検査	定期自主検査
・3年に1回以上 ・特定施設 ・第1種製造者	・1年に1回以上 ・冷凍保安責任者が監督 ・検査の記録

第10章 危険時の措置と帳簿

危険時の措置
帳簿

本章では，製造施設が危険な状態になったときの措置や緊急時の措置について学習します．また，第1種製造者などが備えなくてはならない帳簿についても学びます．

10.1 危険時の措置

危険時の措置に関しては，法第36条及び冷凍則第45条に規定されています．

法第36条 高圧ガスの製造施設，貯蔵所，販売のための施設等が，危険な状態となったときは当該製造施設等の所有者又は占有者は，直ちに，災害の発生の防止のための応急の措置を講じなければならない．

2 前項の事態を発見した者は，直ちに，その旨を都道府県知事又は警察官，消防吏員若しくは消防団員若しくは海上保安官に届け出なければならない．

冷凍則第45条 災害の発生の防止のための応急措置は，次の二つです．

① 製造施設が**危険な状態**となったときは，直ちに，応急の措置を行うとともに製造の作業を中止し，冷媒設備

内のガスを安全な場所に移し，又は大気中に放出し，この作業に特に必要な作業員のほかは退避させること．
② 前号に掲げる措置を講ずることができないときは，従業者又は必要に応じ付近の住民に退避するよう警告すること．

10.2 帳　簿

帳簿については，法第60条等に規定されており，その要約を次に示します．

第1種製造者，第1種貯蔵所又は第2種貯蔵所の所有者又は占有者，販売業者，容器製造者及び容器検査所の登録を受けた者は，帳簿を備え，完成検査，保安検査，容器検査など所定の事項を記載し，これを保存しなければならない．（法第60条第1項）

ここが重要！　第1種製造者は，事業所ごとに，製造施設に**異常があった年月日**およびそれに対してとった**措置**を記載した帳簿を備え，記載の日から**10年間保存**しなければならない．（冷凍則第65条）

これを暗記

❶ 製造施設の危険時の措置は，応急の措置，製造作業の中止，冷媒ガスを移動または大気中に安全に放出，必要な作業員以外は退避させる．

❷ 第1種製造者は，異常があった年月日，とった措置を記載した帳簿を備え，10年間保存する．

それでは，練習問題で理解を深めてください．

練習問題にチャレンジ

【問題 1】 次のイ, ロ, ハの記述のうち, 正しいものはどれか.

イ. 第1種製造者は, 帳簿を備え, 高圧ガスの製造施設に異常があったときには, その異常があった年月日及びそれに対してとった措置をそれに記載し, 記載の日から5年間保存しなければならない.

ロ. 高圧ガスの製造施設が危険な状態になったとき, 直ちに災害の発生を防止する措置を講じたので, 高圧ガス製造の作業は中止しなかった.

ハ. 高圧ガスの製造施設が危険な状態になったとき, 応急の作業に必要な作業員のほかは退避させた.

(1) イ　　(2) ハ　　(3) イ, ロ
(4) イ, ハ　　(5) ロ, ハ

解答と解説

イ. 冷凍則第65条により, 第1種製造者は, 事業所ごとに, 製造施設に異常があった年月日およびそれに対してとった措置を記載した帳簿を備え, 記載の日から **10年間保存**しなければなりません.【イ：×】

ロ. 冷凍則第45条第1号により, 製造施設が危険な状態になったときは, 直ちに災害の発生を防止する措置を講じ, 高圧ガス製造の作業も中止する必要があります.【ロ：×】

ハ. 冷凍則第45条第2号により, 正しい記述です.【ハ：○】

これより, 正しいものは, ハ.

正解：(2)

【問題2】 次のイ，ロ，ハの記述のうち，正しいものはどれか．

イ．第1種製造者が記載した帳簿は，紛失しないよう高圧ガス保安協会に保存してもらう必要がある．

ロ．第2種製造者は，製造施設に異常があった年月日及びそれに対してとった措置を帳簿に記載しなければならない．

ハ．製造施設が危険な状態となっていることを発見したので，直ちにその旨を警察官，消防吏員に届け出た．

(1) イ　　(2) ロ　　(3) ハ　　(4) イ，ロ　　(5) ロ，ハ

解答と解説

イ．冷凍則第65条により，第1種製造者は，高圧ガス保安協会ではなく，事業所ごとに，帳簿を備え，記載の日から10年間保存しなくてはいけません．【イ：×】

ロ．冷凍則第65条に，「**第1種製造者**は，事業所ごとに，製造施設に異常があった年月日およびそれに対してとった措置を帳簿に記載しなければならない」とあり，第2種製造者ではありません．【ロ：×】

ハ．法第36条第2項に，「危険な事態を発見したものは，直ちにその旨を都道府県知事又は警察官，消防吏員若しくは消防団員若しくは海上保安官に届け出なければならない」とあり，正しい記述です．【ハ：○】

これより，正しいものは，ハ．

正解：(3)

【問題3】 次のイ，ロ，ハの記述のうち，第1種製造者のための製造施設が危険な状態となったときの措置として，正しいものはどれか．

イ．直ちに応急の措置を行うとともに，製造の作業を中止し，冷媒設備内のガスを安全な場所に移し，この作業に特に必要な作業員のほかは退避させた．

ロ．その所有者または占有者は，応急の措置を講ずることができない場合，従業者または必要に応じ付近の住民に退避するよう警告しなければならない．

ハ．危険なので安全弁に付帯する止め弁をすべて閉止した．

(1) イ　　　(2) ハ　　　(3) イ，ロ
(4) イ，ハ　(5) ロ，ハ

解答と解説

イ．冷凍則第45条第1号のとおりで，正しい記述です．【イ：○】

ロ．冷凍則第45条第2号のとおりで，正しい記述です．【ロ：○】

ハ．危険時におけるこのような規定はありません．また，すでに学習したように，製造設備の運用上も，冷凍則第9条第1号により，安全弁に付帯する止め弁は，常に全開しておくこととなっています．【ハ：×】

これより，正しいものは，イ，ロ．

正解：(3)

どうでしたか．よく整理しておいて下さい．

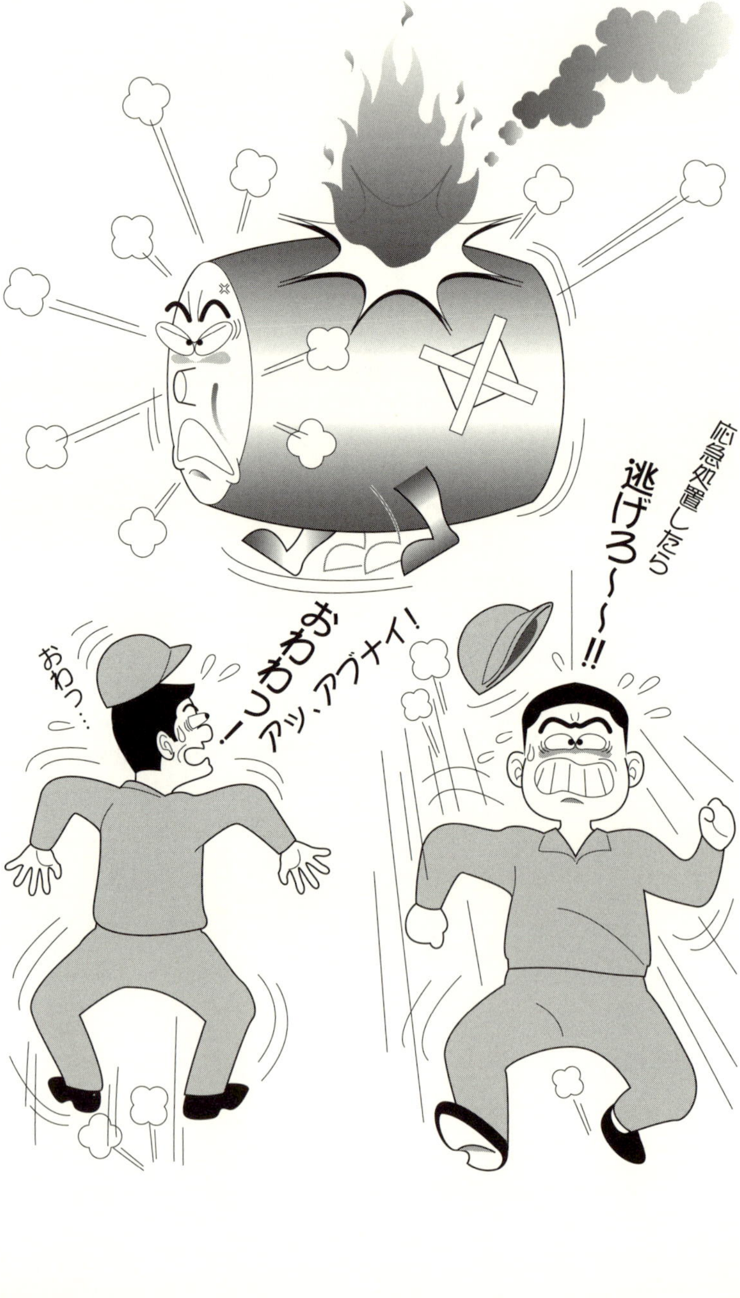

応急処置したら
逃げろ～～～!!
おわわっ!
アッ、アブナイ!
おわっ…

第11章 容器

容器の製造方法,
容器検査
容器の刻印,表示

について学ぼう

本章では,高圧ガスを充てんする容器について学習します.容器とは,一般にボンベとかガスボンベと言われているものを指します.高圧ガス保安法では,容器が正式な名称です.

11.1 容器の製造方法,容器検査

容器の製造方法,定義については,法第41条,容器保安規則(容器則)第1条に次のように規定されています.

法第41条 高圧ガスを充てんする容器(容器)の製造の事業を行う者(容器製造業者)は,経済産業省令で定める技術上の基準に従って容器の製造をしなければならない.

また,**容器則第1条**より,『容器とは,高圧ガスを充てんするための容器であって,地盤面に対し移動することができるもの』をいいます.容器検査については,法第44条,容器則第6条などに規定されており,その概略を示します.

法第44条 容器の製造又は輸入した者は,経済産業大臣,高圧ガス保安協会又は,経済産業大臣が指定する者(指定容器検査機関)が行う**容器検査**を受け,これに合格したものとして第45条による刻印又は標章の掲示がされている

ものでなければ，当該容器を譲渡し，又は引き渡してはならない．ただし，次に掲げる容器については，この限りではない．

① 登録容器製造業者が製造した容器で，**刻印又は標章の掲示**がされているもの．

② 省略．

③ 輸出その他の経済産業省令で定める用途に供するもの．

④ 高圧ガスを充てんして輸入された容器であって，高圧ガスを充てんしてあるもの．

容器検査を受けこれに合格後，所定の期間（有効期間）を経過し，引き続き容器として用いるためには，容器の種類に応じ有効期間前に容器再検査を受け，これに合格しなければいけません．もし，容器検査または容器再検査に不合格の場合は，**くず化**して処分する必要があります．これは，法第56条に次のように規定されています．

ここが重要！ 法第56条 経済産業大臣は，容器検査に合格しなかった容器がこれに充てんする高圧ガスの種類又は圧力を変更しても規格に適合しないと認めるときには，その所有者に対し，これをくず化し，その他容器として使用することができないように処分することを命ずることができる．

3 容器の所有者は，容器再検査に合格しなかった容器について3月以内に刻印等がなされなかったときは，遅滞なく，これをくず化し，その他容器として使用することができないように処分しなければならない．

4 前3項の規定は，附属品検査又は附属品再検査に合格しなかった附属品に準用する．

5 容器又は附属品の廃棄をする者は，くず化し，その他

容器又は附属品として使用することができないように処分しなければならない．

11.2 容器の刻印，表示

刻印とは，容器検査や容器再検査で合格した場合，高圧ガス充てん容器自体に**刻印**することを指します．この刻印については，法第 45 条に規定されています．

法第 45 条 経済産業大臣，協会又は指定容器検査機は，容器検査又は容器再検査に合格した場合において，その容器が刻印することが困難な容器以外は，その容器に刻印しなければならない．また，刻印することが困難な容器には，その容器に標章を掲示しなければならない．

ここが重要！　**刻印**等の方法として，容器保安規則（容器則）第 8 条に次のように規定されています．

容器則第 8 条 刻印をしようとする者は，容器の厚肉の部分の見やすい箇所に，明瞭に，かつ，消えないように次の①～⑮号に掲げる事項をその順序で刻印しなければならない．

① 検査実施者の名称の符号
② 容器製造業者の名称又は，その符号
③ 充てんすべき高圧ガスの種類（PG，SG，CNG，LNG など）
④ 省略
⑤ 容器の記号及び番号
⑥ 内容積（記号 V，単位リットル）
⑦ 附属品（取りはずしのできるものに限る）を含まない容器の質量（記号 W，単位 kg）
⑧ アセチレンガスを充てんする容器にあっては，前⑦号

の質量にその容器の多孔質物及び附属品の質量を加えた質量（記号 TW，単位 kg）

⑨　容器検査に合格した年月（内容積が 4000ℓ 以上の容器は，容器検査に合格した年月日）

⑩　省略

⑪　耐圧試験における圧力（記号 TP，単位 MPa）及び M

⑫　圧縮ガスを充てんする容器は，最高充てん圧力（記号 FP，単位 MPa）及び M

⑬　高強度鋼又はアルミニウム合金で製造された容器の材料区分（高強度鋼：HT，アルミニウム合金：AL）

⑭　内容積が 500 リットルを超える容器は，胴部の肉厚（記号 t，単位 mm）

⑮　省略

ここが重要！ 容器の表示については，法第 46 条，47 条に規定されています．

法第 46 条　容器の**所有者**は，次の場合，遅滞なく，その容器に表示をしなければならない．その表示が滅失したときも，同様とする．

①　容器に刻印等がされたとき．

②　容器に刻印又は標章の掲示をしたとき．

③　自主検査刻印等がされている容器を輸入したとき．

2　高圧ガスを充てんした容器を輸入した者は，容器が容器検査に合格したとき．

法第 47 条　容器を**譲り受けた者**は，遅滞なく，その容器に表示をしなければならない．

2　何人も，これらに規定された以外に，容器に表示又はこれと紛らわしい表示をしてはならない．

表示方式については，容器則第10条等に規定されています．

容器則第10条 次の表11-1に示すように高圧ガスの種類に応じて，それぞれの塗色を容器の外面（断熱材で被覆してある場合は，断熱材の外面）の見やすい箇所に，**容器の表面積の2分の1以上**おこなう．ただし，その他の種類のガスで着色加工していないアルミニウム製，アルミニウム合金製及びステンレス鋼製の容器は，この限りではない．

2 容器の外面に，次の事項を明示する．

① 高圧ガスの名称

② 可燃性ガスの場合は「**燃**」，毒性ガスの場合は「**毒**」．

3 容器の外面に容器の所有者の氏名，又は名称，住所及び電話番号（氏名等）を明示する．氏名等に変更があった場合は，遅滞なく，その表示等を変更するものとする．

表11-1 高圧ガス容器の塗色

高圧ガスの種類	塗　色
酸素ガス	黒　色
水素ガス	赤　色
液化炭酸ガス	緑　色
液化アンモニア	白　色
液化塩素	黄　色
アセチレンガス	かっ色
その他の種類の高圧ガス	ねずみ色

容器などについて，一般高圧ガス保安規則（一般則）第6条2項では，次のような規定があります．

一般則第6条第2項8号 容器置場及び充てん容器等は，次のイ～トに掲げる基準に適合すること．

イ 充てん容器等は，充てん容器及び残ガス容器にそれぞれ区分して容器置場に置くこと．

ロ　可燃性ガス，毒性ガス，特定不活性ガス及び酸素の充てん容器等は，それぞれ区分して容器置場に置くこと．

　ハ　容器置場には，計量器等作業に必要な物以外の物を置かないこと．

　ニ　容器置場（特定不活性ガスを除く不活性ガス及び空気のものを除く）の周囲2m以内においては，火気の使用を禁じ，かつ，引火性又は発火性の物を置かないこと．ただし，容器と火気又は引火性若しくは発火性の物の間を有効に遮る措置を講じた場合は，この限りではない．

　ホ　充てん容器等は，常に温度40℃（低温容器は，ガスの常用温度の最高のもの）以下に保つこと．

　ヘ　圧縮水素運送自動車用容器は，常に温度65度以下に保つこと．

　ト　充てん容器等（内容積5リットル以下を除く）には，転落，転倒等による衝撃及びバルブの損傷を防止する措置を講じ，かつ，粗暴な取扱いをしないこと．

　チ　可燃性ガスの容器置場には，携帯電燈以外の燈火を携えて立ち入らないこと．

容器の貯蔵などについて一般高圧ガス保安規則（一般則）第18条2項では，次のような規定があります．

一般則第18条第2項

　イ　可燃性ガス又は毒性ガスの充てん容器等の貯蔵は，通風のよい場所ですること．

　ホ　貯蔵は，船，車両若しくは鉄道車両に固定し，又は積載した容器によりしないこと．

これを暗記

❶ 容器は，刻印または標章を掲示しなければならない．

❷ 容器の厚肉の部分に，所定の刻印をする．

❸ 容器には，表面積の1/2以上に所定の塗色など表示をする．

❹ 充てん容器等は，常に温度40℃以下に保つ．また，充てん容器と残ガス容器にそれぞれ区分して置く．

それでは，練習問題で理解を深めてください．

練習問題にチャレンジ

【問題1】 次のイ，ロ，ハの記述のうち，容器について正しいものはどれか．

イ．容器には，充てんすべき高圧ガスの種類が，刻印等で示されているので，その外面にはガスの名称は明示されていない．

ロ．容器には，その内容積が刻印等で示されている．

ハ．容器には，高圧ガスの充てん者の名称及び符号が刻印等で示されている．

(1) イ　　(2) ロ　　(3) ハ　　(4) イ，ロ　　(5) ロ，ハ

解答と解説

イ．刻印だけでなく，容器則第10条第1項第2号により，容器の外面にも高圧ガスの名称等は明示されていなければなりません．【イ：×】

ロ．容器には，容器則第8条第1項第6号によりその内容積（記号V，単位リットル）が刻印等で示されています．【ロ：○】

ハ．刻印等には，高圧ガスの充てん者の名称および符号の規定はありません．【ハ：×】

これより，正しいものは，ロ．

正解：(2)

【問題2】 次のイ，ロ，ハの記述のうち，内容積が20リットルの液化アンモニアの充てん容器及び残ガスの貯蔵の方法として，正しいものはどれか．

イ．充てん容器は，常に40℃以下に保って貯蔵した．

ロ．同一の場所に貯蔵する高圧ガスが液化アンモニアのみであったので，その充てん容器と残ガス容器とは区分しないで貯蔵した．

ハ．充てん容器は転倒しにくいため，容器のバルブには，その損傷を防止する措置を講ずる必要はない．

(1) イ　　(2) ロ　　(3) イ，ロ　　(4) イ，ハ　　(5) ロ，ハ

解答と解説

イ．一般則第6条第2項第8号ホにこのとおり定められているので，正しい記述です．【イ：○】

ロ．一般則第6条第2項第8号イより，充てん容器等は，充てん容器及び残ガス容器にそれぞれ区分して容器置場に置

くこと，となっています．【ロ：×】
ハ．一般則第6条第2項第8号トより，損傷を防止する措置を講ずる必要があります．【ハ：×】

これより，正しいものは，イ．

正解：(1)

【問題3】 次のイ，ロ，ハの記述のうち，容器保安規則上，正しいものはどれか．

イ．液化アンモニアを充てんする容器は，その表面積の2分の1以上について，ねずみ色の塗色をしなければならない．

ロ．容器に刻印されている記号「TP」は，最高充てん圧力である．

ハ．容器に充てんする高圧ガスが可燃性ガス又は毒性ガスの場合は，その容器の外面にそのガスの性質を示す文字も明示されている．

(1) イ　(2) ハ　(3) イ，ロ　(4) イ，ハ　(5) ロ，ハ

解答と解説

イ．容器則第10条第1項第1号により，液化アンモニアの塗色は白色です．【イ：×】

ロ．容器則第8条第1項第11号により，TPは耐圧試験における圧力の記号で，最高充てん圧力の記号ではありません．最高充てん圧力の記号はFPです．【ロ：×】

ハ．容器則第10条第1項第2号に，このとおり規定されています．また，可燃性ガスの場合は「燃」，毒性ガスの場合は「毒」です．【ハ：○】

これより，正しいものは，ハ．

正解：(2)

【問題4】 次のイ，ロ，ハの記述のうち，高圧ガスを充てんする容器について，正しいものはどれか．

イ．所有し，又は占有している容器を盗まれたので，遅滞なくその旨を警察官に届け出た．

ロ．液化アンモニアを充てんする容器の外面には，そのガスの性質を示す文字として「毒」のみが表示されている．

ハ．液化ガスを容器に充てんするとき，その容器に充てんするガスの質量は，所定の算式で計算した値以下でなければならない．

(1) イ　　　(2) イ，ロ　　　(3) イ，ハ
(4) ロ，ハ　　(5) イ，ロ，ハ

解答と解説

イ．法第63条第1項第2号により，高圧ガスまたは容器を取り扱う者は，所有または占有する高圧ガスや容器を喪失したり盗まれたときは，遅滞なくその旨を都道府県知事または警察官に届け出なければなりません．【イ：○】

ロ．容器則第10条第1項第2号ロによって，アンモニアは，毒性ガス，かつ，可燃性ガスなので，「毒」とともに「燃」も表示しなければなりません．【ロ：×】

ハ．容器則第22条のとおりで，正しい記述です．【ハ：○】

(参考) **容器則第22条** 液化ガスの質量の計算の方法

$$G = V \div C$$

この式においてG，VおよびCは，それぞれ次の数値を表すものとする．

G　液化ガスの質量（単位　キログラム）の数値
V　容器の内容積（単位　リットル）の数値
C　低温容器，超低温容器及び液化天然ガス自動車燃料装置用

容器に充てんする液化ガスにあっては当該容器の常用の温度のうち最高のものにおける当該液化ガスの比重（単位　キログラム毎リットル）の数値に10分の9を乗じて得た数値の逆数（液化水素運送自動車用容器にあっては，当該容器に充てんすべき液化水素の大気圧における沸点下の比重（単位　キログラム毎リットル）の数値に10分の9を乗じて得た数値の逆数），第2条第26号の表上欄に掲げるその他のガスであって，耐圧試験圧力が24.5メガパスカルの同表Aに該当する容器に充てんする液化ガスにあっては温度48度における圧力，同表Bに該当する容器に充てんする液化ガスにあっては温度55度における圧力がそれぞれ14.7メガパスカル以下となる当該液化ガス1キログラムの占める容積（単位　リットル）の数値，その他のものにあっては次の表（省略）の上欄に掲げる液化ガスの種類に応じて，それぞれ同表の下欄に掲げる定数．

これより，正しいものは，イ，ハ．

正解：(3)

【問題5】 次のイ，ロ，ハの記述のうち，高圧ガスを充てんする容器について，正しいものはどれか．

イ．冷媒設備から冷媒ガスを回収するために使用する容器の容器検査の基準は，冷凍保安規則に定められている．

ロ．容器再検査における溶接容器の規格には，外観検査に合格すべき定めがある．

ハ．容器の所有者は，その容器が再検査に合格しなかったときは，それをくず化しなければならない場合がある．

(1)　イ　　(2)　ロ　　(3)　イ，ロ　　(4)　イ，ハ　　(5)　ロ，ハ

解答と解説

イ．容器の容器検査の基準は，冷凍保安規則としては定められていません．【イ：×】

ロ．容器則第26条第1項により，容器は外観検査を行い，これに合格しなければいけません．【ロ：○】

ハ．法第56条第3項により，容器検査（容器再検査）に合格しないと，規定による刻印等をすることができないため，くず化しなければならない場合があります．【ハ：○】

これより，正しいものは，ロ，ハ

正解：(5)

どうでしたか．よく整理しておいて下さい．

さて，法令の科目も大きな山を超え，いよいよ終りに近づいてきました．皆さん，よくついてきてくれました．このまま最後まで挫折せず突っ走って下さい．と言いたいのですが，少し一休みしていって下さい．

ここでちょっと一休みしましょう

さて，今回は実際の受験時のアガリ防止対策についてお話したいと思います．アガリ症の方は必読ですよ．

皆さんは，アガリ症のほうですか．私はアガリ症で，試験や一発勝負のときは，とても緊張し，緊張すると手に汗がにじんで，顔も紅潮し，頭の中が真っ白になるタイプです．私も少し前までは皆さんと同じ一受験生でした．3冷，2冷，1冷と受験してきましたが，当然いつも緊張しっぱなしでした．そんなアガリ症の私ですが，何とか合格出来たのは，自分なりに緊張をほぐす方法を見つけることが出来たおかげと考えております．

試験（受験）のときには，多かれ少なかれ皆緊張しているものです．しかし，いかにも頭の良さそうな周りの面々，試

験開始前の10分間のシ〜ンとした静けさなど，いやおうなく緊張感が高まります．私は，今でもその状況を思い出すと緊張が走ります．皆さんならこんな時どうしますか．

　こんなアガッタ状態で試験問題を見たら，その瞬間私だったら頭の中が真っ白になり，分からない問題ばっかりに見え，普段の実力が発揮できないまま，ずるずると時間が過ぎて試験終了となるのがオチです．では，このような状況にならないためにはどうすれば良いのでしょう．

　私が，試験前にやっていることの一つは，テレビか何かで聞いたものの受け売りで申し訳ないのですが，「人」という字を手ひらに書いて，それを飲み込むのです．これを3回繰り返すと，アガリを防止できるという方法です．一種の暗示を自分にかけるのです．

　"たったこれだけか．何かショボイ．"と言わないで下さい．もう一つやっていることがあります．それは，周りを気にしないことです．"何だい，それは"と言われそうですが，これは自分の世界に入りきって，周りを無視する状況に自分をしてしまうのです．どうやって入るかと言うと，試験前は試験官が「本やテキストをしまいなさい」と合図があるまで，本を見続けます．また，本をしまった後は，暗記や勉強したことを頭にずっと思い描くのです．頭の中で"あれはこうだ．冷媒は…"などと，試験開始の合図があるまで，時間が気にならないほど，ずっとやり続けるのです．こうすれば，周りの人の顔色，持っている本やテキストの内容などが全然気にならなくなります．

　そんなとき，試験が始まると不思議と緊張せずに問題を読むことが出来るのです．問題をよく読めれば，引っ掛けにもあわないし，普段の実力が発揮できるはずです．

　これが，私が考えたアガリ症克服策です．偉そうなことを

言ってはいますが，私自身いろいろな失敗を重ねた結果から生まれましたので，当然試験でもアガリ症（本当は勉強不足かもしれませんが）のおかげで何回も失敗しています．

　特に皆さんが目指す3冷の試験は，1年に1回しかありません．勉強不足ならいたしかたありませんが，アガリ症で1年を無駄にしないで下さい．私の克服法を真似しないでも全く構いませんが，アガリ症の方は自分なりの克服法をマスターしておくほうが良いのではないでしょうか．

　では，アガリ防止対策についてまとめると，

　一，「人」の字を書いて，3回飲む．

　一，試験開始前は，自分の世界に入る．

　以上，ご参考になればたいへん嬉しいです．皆さん，アガリ症を克服してみごと3冷合格を勝ち取ってくださいね．陰ながら応援しています．

"人"の字を3回飲む

容器とは……

TPは耐圧試験

第1種製造者

ウ〜ン……

本章では，高圧ガスの移動，廃棄などについて学習します．いよいよ最終章です．もうちょっとがんばりましょう．

12.1 高圧ガスの移動

高圧ガスの移動については，法第23条，その技術上の基準が一般高圧ガス保安規則（一般則）第50条に示されています．その概略を次に示します．

一般則第50条 充てん容器等を**車両に積載**して**移動**するときは，当該車両の見やすい箇所に**警戒標**を掲げること．ただし，以下の場合を除く．

① 容器の内容積25リットル以下の毒性ガス．
② 容器の内容積50リットル以下．
③ 消防自動車，救急自動車等の緊急時に使用する充てん容器等．
④ 冷凍車，活魚運搬車等の移動中に消費を行う充てん容器等．
⑤ タイヤの加圧のための充てん容器等．
⑥ 当該車両の装備品として積載する消火器．

ここが重要! **2** 充てん容器等は，ガスの**温度**を常に**40℃以下**に保つこと．

3 一般複合容器等であって，刻印等により示された年月から15年を経過したものを高圧ガスの移動に使用しないこと．

4 省略

5 充てん容器等には，転落，転倒等による衝撃及びバルブの損傷を防止する措置を講じ，かつ，粗暴な取扱いをしないこと．ただし，内容積が5リットル以下を除く．

6 塩素の充てん容器等とアセチレン，アンモニア又は水素の充てん容器等とを同一の車両に積載して移動しないこと．

7 可燃性ガスの充てん容器等と酸素の充てん容器等とを同一の車両に積載して移動するときは，バルブが相互に向き合わないようにすること．

8 毒性ガスの充てん容器等には，木枠又はパッキンを施すこと．

9 **可燃性ガス**，**特定不活性ガス**，酸素又は三フッ化窒素の充てん容器等を車両に積載して移動するときは，**消火設備**及び災害防止用の**応急措置**に**必要な資材**，**工具**等を**携行**すること．ただし，容器の内容積25リットル以下を除く．

10 毒性ガスの充てん容器等を車両に積載して移動するときは，**防毒マスク**，**手袋**，その他の**保護具**，及び災害防止用の**応急措置**に**必要な資材**，**薬剤**，**工具**等を**携行**すること．

12.2　高圧ガスの廃棄

高圧ガスの廃棄については，法第25条，その技術上の基準が冷凍保安規則第33条，第34条，一般則第61条，第62条などに示されています．

冷凍則第 33 条 廃棄について定める高圧ガスは，可燃性ガス，毒性ガス及び特定不活性ガスとする．

冷凍則第 34 条 **可燃性ガス及び特定不活性ガスの廃棄**は，火気を取り扱う場所又は引火性若しくは発火性のたい積した場所及びその付近を避け，かつ，大気中に放出して廃棄するときは，**通風の良い場所**で少量ずつすること．

2　毒性ガスを大気中に放出して**廃棄**するときは，**危険又は損害を他に及ぼすおそれのない場所**で少量ずつすること．

また，一般高圧ガス保安規則第 61 条，第 62 条に高圧ガスの廃棄に係る技術上の基準が規定されています．その概略を次に示します．

一般則第 61 条　経済産業省令で定める高圧ガスは，**可燃性ガス**，**毒性ガス**，**特定不活性ガス**及び**酸素ガス**とする．

一般則第 62 条

① **廃棄は，容器とともに行わないこと**．

②③号　省略

④　可燃性ガス，毒性ガス又は特定不活性ガスを継続かつ反復して廃棄するときは，当該ガスの滞留を検知するための措置を講ずること．

⑤　酸素の破棄は，バルブ及び廃棄に使用する器具の石油類，油脂類その他の可燃物の物を除去した後にすること．

⑥　**廃棄した後は，バルブを閉じ，容器の転倒及びバルブの損傷を防止する措置**を講ずること．

⑦　充てん容器等のバルブは，静かに開閉すること．

⑧　充てん容器等，バルブ又は配管を加熱するときは，熱湿布又は 40℃ 以下の温湯を使用すること．

> **これを暗記**
>
> ❶ 充てん容器等を車両に積載して移動するときは，車両の見やすい箇所に警戒標を掲げる．
>
> ❷ 充てん容器は，常に 40℃ 以下に保つ．
>
> ❸ 可燃性ガスの廃棄は，火気の場所およびその付近を避け，大気中に放出するときは，通風の良い場所で少量ずつする．
>
> ❹ 毒性ガスの廃棄は，危険または損害を他に及ぼすおそれのない場所で少量ずつする．

それでは，練習問題で理解を深めてください．

練習問題にチャレンジ

【問題1】 次のイ，ロ，ハの記述のうち，高圧ガスの廃棄について，正しいものはどれか．

イ．容器に充てんされている可燃性ガスは，その容器とともに廃棄してはならない．

ロ．容器に充てんされているアンモニアを廃棄した後は，そのバルブを開放しておかなければならない．

ハ．廃棄に係る技術上の基準に従うべき高圧ガスは，冷凍保安規則上では可燃性ガス及び毒性ガスが指定されている．

(1) イ　　　(2) イ，ロ　　　(3) イ，ハ
(4) ロ，ハ　(5) イ，ロ，ハ

解答と解説

イ．一般則第62条第1号に，このとおり規定されています．【イ：○】

ロ．一般則第62条第6号に，「廃棄した後は，バルブを閉じ，容器の転倒及びバルブの損傷を防止する措置を講ずること」とあり，誤りです．【ロ：×】

ハ．冷凍則第33条に，「廃棄について定める高圧ガスは，可燃性ガス，毒性ガス及び特定不活性ガスとする」とあります．【ハ：×】

これより，正しいものは，イ．

正解：(1)

【問題2】 次のイ，ロ，ハの記述のうち，高圧ガスの移動又は廃棄について，正しいものはどれか．

イ．可燃性ガスの廃棄は，所定の技術上の基準に従って行わなければならない．

ロ．フルオロカーボン134aの充てん容器をトラックに積載して移動するとき，シートで覆い直射日光を避けて，その容器の温度を40度以下に保った．

ハ．内容積が100リットルの液化アンモニアの充てん容器1個を車両に積載して移動するとき，消火器や保護具を携行しなかった．

(1) イ　　　(2) ロ　　　(3) イ，ロ
(4) ロ，ハ　(5) イ，ロ，ハ

解答と解説

イ．冷規第34条第1号に，このとおり規定されています．【イ：○】

ロ．一般則第50条第2号に，「常に40度以下に保つこと」と規定されています．【ロ：○】

ハ．一般則第50条第9号に，「可燃性ガス，特定不活性ガス，酸素又は三フッ化窒素の充てん容器等を車両に積載して移動するときは，消火設備及び災害防止用の応急措置に必要な資材，工具等を携行すること」とあり，アンモニアは可燃性かつ毒性ガスなので，誤りです．【ハ：×】

これより，正しいものは，イ，ロ．

正解：(3)

【問題3】 次のイ，ロ，ハの記述のうち，高圧ガスの移動又は廃棄について，正しいものはどれか．

イ．内容積が100リットルの液化アンモニアの充てん容器1個を車両に積載して移動するときは，その車両の見やすい位置に警戒標を掲げなければならない．

ロ．移動は，高圧ガスの種類に応じて，一般高圧ガス保安規則又は液化石油ガス保安規則に定める技術上の基準に従ってしなければならない．

ハ．容器に充てんされた後，所定の期間を経過した高圧ガスは，廃棄しなければならない．

(1) ロ　　(2) イ，ロ　　(3) イ，ハ
(4) ロ，ハ　　(5) イ，ロ，ハ

解答と解説

イ．一般則第50条第1号にあるように，車両の見やすい位置に警戒標を掲げなければならなりません．【イ：○】

ロ．法第23条はじめ，このとおりです．【ロ：○】

ハ．容器に充てんされた後の高圧ガスに，廃棄などの期限は決められていません．腐食などの点検・管理を行えば，充てんされたままの状態でよいのです．例えば，消防設備に使用されている二酸化炭素，ハロン消火設備に充てんされた高圧ガスは，10年，15年と使用されなくてもそのまま使用することができます．再充てんは，容器再検査を行い合格するとできます．【ハ：×】

これより，正しいものは，イ，ロ．

正解：(2)

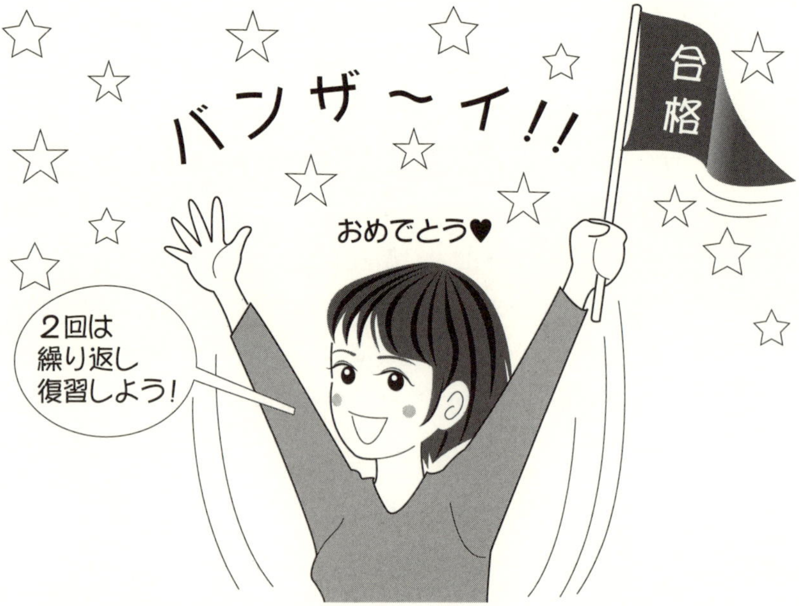

合格
バンザ～イ!!
おめでとう♥
2回は
繰り返し
復習しよう!

巻末

受験時の注意事項など

と

模擬試験問題にチャレンジ

巻末 受験時の注意事項

　皆さん，3冷の勉強はどうでしょうか．特に法令は，覚えることが多くたいへんだと思いますが，ここであきらめないで，受験日まで頑張ってください．

　さて，ここでは，せっかく勉強をしてきたことを活かすためにも，試験前日や当日の注意事項などを私の体験をもとに記述しておきます．

【試験前日の注意事項】

　まず，試験に必要な物を挙げると次のような物です．試験当日あわてないためにも，必ず前日のうちに用意しておいて下さい．

(1) **受験票**．（もしも忘れた場合には，試験会場の受付で再交付してもらって下さい．）

(2) 筆記用具．
　① HBの鉛筆（削ったもの）5本．
　② シャープペンシル1本．
　③ 消しゴム（プラスチック製）2個．
　④ ものさし，小形の鉛筆削り．

③ 受験案内の冊子．（受験願書の申し込み時の冊子）
④ 時計．（携帯電話を時計としている場合，認められないことが多いので，必ず腕時計などを持参．アラームは必ず消しておくこと．持ってない人は，100円ショップにも売っていますので，購入しておいて下さい．）
⑤ 財布．（少し多めに持っていって下さい．）
⑥ 水筒．
⑦ ハンカチ，タオル，ポケットティッシュ等．

　試験会場までの交通機関（電車やバス）については，前もって発車時刻，所要時間などを調べておき，試験開始の最低30分前までには到着するように，準備しておくように．なお，試験会場には駐車場がないので，自家用車の利用はやめるほうがよいでしょう．
　前日の夜は，早めに就寝し当日は，早起きするようにして下さい．

【試験当日の注意事項】

　当日は，出来るだけ早く起床します．そして，余裕を持って試験会場に到着するようにします．
　試験会場に到着したら，まず受験票の受験番号で，試験室を確認します．入室時間が決まっており，入室できない場合は近くのロビーなどで入室時間まで待ちます．

1 試験開始30分前

　試験室に入ったら，まず受験する席を確認します．そして，試験室内の黒板に張ってある注意事項を確認します．
　携帯電話の電源をOFF（マナーモードもダメ）にします．

2 試験開始15分前

試験時間中にトイレに行かないように，トイレに行っておきましょう．

3 試験開始10分前

試験官から注意事項がありますので，よく聞いておきます．筆記用具，時計以外のものは，片付ける旨の指示がありますので，注意して下さい．その後，5分前くらいに試験問題が配布されます．このとき問題用紙の表紙に注意事項が書いてありますのでよく読んでください．また，合図があるまでは，絶対に解答用紙に受験番号などを記入しないようにして下さい．不正行為とみなされ退場のおそれがあります．その後緊張をほぐすため，イメージトレーニングのように自分の世界に入って，開始の合図まで続けてください．

4 試験開始

① 開始の合図があったら，まず解答用紙に受験番号，氏名，受験地などを記入して下さい．これがないと，不合格になってしまいますから，最初に書いてください．

② 満点をとらなくても60点で合格ですから，リラックスしましょう．

③ 難しい問題，ややこしい問題は，後回しにします．

④ 時間は，十分あるはずです．問題をよく読むようにします．

⑤ 問題文を最低2回は読み，引っ掛け問題に十分注意して下さい．

⑥ 解答が終わったら，マークシート用紙にマークをし，間違えがないかよく確認します．

⑦ 終了時間前に，もう一度，受験地，受験番号，氏名

などを確認します．

5 試験終了

試験終了の合図があったら，すぐ鉛筆を置きます．再度，受験地，受験番号，氏名などを確認します．退席の合図があるまで，席を立たないように．また，知人などと無駄口をしてはいけません．2001年から問題用紙の持ち帰りができます．受験票や筆記用具，時計など忘れずに退席します．

皆さんは，**カンニング**などしないと思いますが，もしバレたら即刻退場で，しかもその後**2年間は試験が受けられな**くなるペナルティが課せられますので，絶対にしないでください．仮に席が近く隣の人の解答が見えて，それをカンニングしたとしても正解とは限りません．それよりカンニングがバレるほうが，リスクが大きいのですから，鉛筆を転がしたほうが正解かもしれませんよ．

努力した分は，必ず返ってきますから，自分を信じてガンバってください．来年早々には，きっとよい知らせがあるはずです．

これを暗記

❶ 持参する物は前日に用意する．

❷ 当日は，早起きし，試験会場に早く到着する．

❸ カンニングするくらいなら，鉛筆を転がしたほうがよい．

模擬試験問題にチャレンジ

〔法　令〕

次の各問について，高圧ガス保安法に係る法令上正しいと思われる最も適当な答をその問の下に掲げてある(1), (2), (3), (4), (5)の選択肢の中から1個選びなさい．

〔問題1〕　次のイ，ロ，ハの記述のうち，正しいものはどれか．
イ．高圧ガス保安法は，高圧ガスによる災害を防止して公共の安全を確保する目的のために，民間事業者による高圧ガスの保安に関する自主的な活動を促進すべきことも定めている．
ロ．温度35度以下で圧力が0.2メガパスカルとなる液化ガスは，高圧ガスである．
ハ．常用の温度において圧力が1メガパスカル以上となる圧縮ガス（圧縮アセチレンガスを除く．）であって，現にその圧力が1メガパスカル以上であるものは高圧ガスである．

(1)　ロ　　(2)　イ, ロ　　(3)　イ, ハ
(4)　ロ, ハ　　(5)　イ, ロ, ハ

〔問題2〕 次のイ，ロ，ハの記述のうち，正しいものはどれか．
　イ．高圧ガスの販売の事業を営もうとする者は，特に定められている場合を除き，販売所ごとに，事業開始の日の20日前までに，その旨を都道府県知事に届け出なければならない．
　ロ．冷凍のためアンモニアを冷媒ガスとして，1日の冷凍能力が50トン以上である設備を使用して高圧ガスの製造をしようとする者は，事業所ごとに，都道府県知事の許可を受けなければならない．
　ハ．第一種製造者が製造施設の位置，構造若しくは設備の変更の工事をし，又は製造をする高圧ガスの種類若しくは製造の方法を変更するとき適用される技術上の基準には，製造施設の設置の許可の場合と同じ基準が適用される．

(1) イ　　　(2) イ，ロ　　　(3) イ，ハ
(4) ロ，ハ　　(5) イ，ロ，ハ

〔問題3〕 次のイ，ロ，ハの記述のうち，質量が50キログラムの液化アンモニアを充てんした容器の貯蔵の方法に係る技術上の基準に適合しているものはどれか．
　イ．この充てん容器を容器置場に置くとき，すでに置いてある残ガス容器とそれぞれ区分して置かなかった．
　ロ．この充てん容器を置いた容器置場の周囲2メートル以内において，火気の使用を禁止するとともに，引火性及び発火性の物を置くことも禁止した．
　ハ．この容器置場内に，冷凍保安責任者の承諾を得て，予備の潤滑油を置いた．

(1) イ　　　(2) ロ　　　(3) イ，ロ
(4) イ，ハ　　(5) ロ，ハ

〔問題4〕 次のイ，ロ，ハの記述のうち，質量が50キログラムの液化アンモニアを充てんした容器2本を，車両に積載して移動するときの移動に係る技術上の基準に適合しているものはどれか．

イ．防毒マスク，手袋，その他の保護具を携行したので，消火設備は携行しなかった．

ロ．液化アンモニアの名称，性状及び移動中の災害防止のために必要な注意事項を記載した書面を運転者に交付しなかった．

ハ．充てん容器には，木枠を施した．

(1) イ　　　　(2) ロ　　　　(3) ハ
(4) イ，ロ　　(5) ロ，ハ

〔問題5〕 次のイ，ロ，ハの記述のうち，正しいものはどれか．

イ．容器に所定の刻印等及び表示がされていることは，高圧ガスを容器に充てんするとき，その容器が適合していなければならない条件の一つである．

ロ．容器に充てんすることができる液化ガスの質量は，その容器に刻印等又は自主検査刻印等で示された容器の内容積に応じて計算した値以下でなければならない．

ハ．液化アンモニアを充てんする容器の外面には，そのガスの性質を示す文字として「燃」及び「毒」が明示されていなければならない．

(1) イ　　　　(2) ロ　　　　(3) イ，ハ
(4) ロ，ハ　　(5) イ，ロ，ハ

〔問題6〕 次のイ，ロ，ハの記述のうち，正しいものはどれか．

イ．高圧ガスの製造施設が危険な状態となったときは，その施設の所有者又は占有者は，直ちに，災害の発生の防止のための応急の措置を講じなければならない．

ロ．容器又は附属品の廃棄をする者は，その容器又は附属品をくず化

し，その他容器又は附属品として使用することができないように処分しなければならない．
ハ．第一種製造者は，その所有し，又は占有する高圧ガスについて災害が発生したときは，遅滞なく，その旨を都道府県知事又は警察官に届け出なければならない．

(1) イ　　　(2) イ，ロ　　　(3) イ，ハ
(4) ロ，ハ　　(5) イ，ロ，ハ

問7及び問8の問題は，次の例による冷凍事業所に関するものである．

〔例〕
冷凍のため，次に掲げる高圧ガスの製造施設を有する事業所
　製造設備の種類：定置式製造設備（一つの製造設備であって，屋内に設置してあるもの）
　冷媒ガスの種類：アンモニア
　冷媒設備の圧縮機：容積圧縮式（往復動式）1台
　1日の冷凍能力：75トン

〔問題7〕　次のイ，ロ，ハの記述のうち，この事業所に適用される技術上の基準に適合しているものはどれか．
イ．受液器に設ける液面計には，丸形ガラス管液面計を使用した．
ロ．冷媒設備に設けた安全弁には，放出管を設けた．
ハ．冷凍設備をアンモニアの充てん量の少ないものとしたため，アンモニアが漏えいしたときの除害のための措置は講じなかった．

(1) イ　　　(2) ロ　　　(3) イ，ロ
(4) イ，ハ　　(5) ロ，ハ

〔問題8〕 次のイ，ロ，ハの記述のうち，この事業所に適用される技術上の基準に適合しているものはどれか．

イ．製造施設から漏えいするアンモニアが滞留するおそれのある場所に，アンモニアの漏えいを検知し，かつ，警報するための設備を設けた．

ロ．製造施設の規模が小さいので，この製造施設には消火設備を設けなかった．

ハ．圧縮機を設置した室は，アンモニアが漏えいしたとき滞留しないような構造とした．

(1) イ　　(2) ロ　　(3) ハ　　(4) イ，ハ　　(5) ロ，ハ

問9から問20までの問題は，次の例による冷凍事業所に関するものである．

〔例〕
冷凍のため，次に掲げる高圧ガスの製造施設を有する事業所であって，認定完成検査実施者及び認定保安検査実施者でないもの
　製造設備の種類：定置式製造設備（冷媒設備及び圧縮機用原動機が一つの架台上に一体に組み立てられていないもの及び認定指定設備でないもの）
　冷媒ガスの種類：フルオロカーボン134a
　冷媒設備の圧縮機：遠心式　1台
　1日の冷凍能力：90トン

〔問題9〕 次のイ，ロ，ハの記述のうち，この事業所に適用される技術上の基準に適合しているものはどれか．

イ．冷媒設備は，許容圧力以上の圧力で行う気密試験に合格したものを使用した．

ロ．この圧縮機が強制潤滑方式であり，かつ，潤滑油圧力に対する保護装置を有しないものであったので，その油圧系統に圧力計を設けなかった．

ハ．冷媒設備には，所定の安全装置を設けたので圧力計は設けなかった．

(1) イ　　(2) ハ　　(3) イ，ロ
(4) イ，ハ　　(5) ロ，ハ

〔問題10〕 次のイ，ロ，ハの記述のうち，この事業所に適用される技術上の基準に適合しているものはどれか．

イ．製造設備に設けたバルブには，作業員がそのバルブを適切に操作することができるような措置を講じた．

ロ．製造設備の運転を数日間停止したので，その間安全弁に付帯して設けた止め弁を閉止しておいた．

ハ．1日に3回この製造施設の異常の有無を点検した．

(1) イ　　(2) イ，ロ　　(3) イ，ハ
(4) ロ，ハ　　(5) イ，ロ，ハ

〔問題11〕 次のイ，ロ，ハの記述のうち，この事業者について正しいものはどれか．

イ．製造施設が技術上の基準に適合しているかどうかについて定期自主検査を行い，その検査記録を作成し，都道府県知事に報告した場合は，その検査記録を保存しなくてよい．

ロ．定期自主検査を行うときは，選任した冷凍保安責任者に検査の実施について監督させなければならないが，この冷凍保安責任者がこの監督をすることができない場合には，その代理者にこれを監督させなければならない．

ハ．定期自主検査を1年に1回以上行わなければならないが，都道府

県知事が行う保安検査を受け，技術上の基準に適合していると認められた場合は，その定期自主検査を行わなくてよい．
(1) イ　　(2) ロ　　(3) イ，ロ
(4) イ，ハ　(5) ロ，ハ

〔問題12〕 次のイ，ロ，ハの記述のうち，この事業者について正しいものはどれか．
　イ．危害予防規程には，従業者に対する危害予防規程の周知方法およびその規程に違反した者に対する措置に関しても定めなければならない．
　ロ．危害予防規程については，都道府県知事が災害の発生の防止のため必要があると認めた場合，都道府県知事からその規程の変更を命ぜられることがある．
　ハ．この事業所の協力会社が行う作業の管理に関することについては，その協力会社の責任に属する事項であるので，危害予防規程に定める必要はない．
(1) イ　　(2) イ，ロ　　(3) イ，ハ
(4) ロ，ハ　(5) イ，ロ，ハ

〔問題13〕 次のイ，ロ，ハの記述のうち，この事業者について正しいものはどれか．
　イ．この製造施設について，都道府県知事又は高圧ガス保安協会若しくは指定保安検査機関が行う保安検査を3年以内に少なくとも1回以上受けなければならない．
　ロ．この製造施設について，高圧ガス保安協会が行う保安検査を受けた場合，高圧ガス保安協会がその検査結果を都道府県知事に報告することとなっているので，その保安検査を受けた旨を都道府県知事に届け出る必要はない．

ハ．この製造施設に係る特定変更工事を完成しその工事に係る施設について都道府県知事が行う完成検査を受けた場合，その都道府県知事に技術上の基準に適合していると認められた後でなければその施設を使用してはならない．

(1) イ　　(2) ハ　　(3) イ，ロ
(4) イ，ハ　　(5) ロ，ハ

〔問題14〕 次のイ，ロ，ハの記述のうち，この事業者について正しいものはどれか．

イ．その従業者に対して保安教育を施しているので，保安教育計画は定めなかった．
ロ．第三種冷凍機械責任者免状の交付を受け，かつ，1日の冷凍能力が3トン以上の製造施設による高圧ガスの製造に関して1年以上の経験を有する者を冷凍保安責任者に選任した．
ハ．製造施設に異常があったので，その年月日及びそれに対してとった措置を帳簿に記載し，これを10年間保存することとした．

(1) イ　　(2) ロ　　(3) イ，ハ
(4) ロ，ハ　　(5) イ，ロ，ハ

〔問題15〕 次のイ，ロ，ハの記述のうち，この事業者が定期自主検査を行ったとき，作成する検査記録に記載すべき事項として正しいものはどれか．

イ．検査をした製造施設の設備ごとの検査方法
ロ．検査をした製造施設の設備ごとの検査結果
ハ．検査の実施について監督を行った者の氏名

(1) ハ　　(2) イ，ロ　　(3) イ，ハ
(4) ロ，ハ　　(5) イ，ロ，ハ

〔問題16〕 次のイ，ロ，ハの記述のうち，この事業所について正しいものはどれか．

イ．この事業所は，第三種冷凍機械責任者免状の交付を受けている者であって所定の経験を有しない者を冷凍保安責任者の代理者に選任し，選任後冷凍保安責任者の指導のもとで所定の経験をさせることとした．

ロ．製造設備を設置する室を十分換気が行われる構造のものとしたので，圧縮機の付近に作業に不必要な引火性の物を置いた．

ハ．製造設備に設けたバルブを操作する場合に，過大な力を加えないような措置を講じて操作した．

(1) イ　　(2) ロ　　(3) ハ　　(4) イ，ハ　　(5) ロ，ハ

〔問題17〕 次のイ，ロ，ハの記述のうち，この事業所に適用される技術上の基準について正しいものはどれか．

イ．冷媒設備には，その設備内の冷媒ガスの圧力が許容圧力を超えた場合に直ちに許容圧力以下に戻すことができる安全装置を設けなければならない．

ロ．製造設備は振動，衝撃，腐食等により冷媒ガスが漏れないものとしなければならない．

ハ．製造設備を屋内の専用機械室に設置すれば，その製造施設には警戒標を掲げなくてよい．

(1) イ　　(2) ロ　　(3) ハ　　(4) イ，ロ　　(5) ロ，ハ

〔問題18〕 次のイ，ロ，ハの記述のうち，この事業所の冷凍設備の1日の冷凍能力の算定に必要な数値として正しいものはどれか．

イ．圧縮機の原動機の定格出力の数値

ロ．冷媒ガスの種類に応じて定められた数値

ハ．蒸発器の冷媒ガスに接する側の表面積の数値

(1) イ　　(2) ロ　　(3) イ，ロ　　(4) イ，ハ　　(5) ロ，ハ

〔問題19〕 次のイ，ロ，ハの記述のうち，この事業所に適用される技術上の基準に適合しているものはどれか．

イ．冷媒設備の圧縮機を開放して修理をするとき，開放する部分に他の部分からガスが漏えいすることを防止するための措置を講じて行った．

ロ．冷媒設備の修理を急に行う必要が生じたため，作業計画を定めないで修理を行った．

ハ．冷媒設備の修理をするとき，冷媒ガスが不活性ガスであるため，修理作業の責任者を定めなかった．

(1) イ　　　(2) ロ　　　(3) イ，ロ
(4) イ，ハ　(5) ロ，ハ

〔問題20〕 次のイ，ロ，ハの記述のうち，この事業者について正しいものはどれか．

イ．製造施設の設備の変更の工事（軽微な変更の工事を除く.）をしようとするときは，都道府県知事の許可を受けなければならない．

ロ．製造施設の設備の軽微な変更の工事をしたときは，その完成後遅滞なく，その旨を都道府県知事に届け出なければならない．

ハ．高圧ガスの製造を廃止したときは，遅滞なく，その旨を都道府県知事に届け出なければならない．

(1) イ　　　(2) イ，ロ　　(3) イ，ハ
(4) ロ，ハ　(5) イ，ロ，ハ

〔保安管理技術〕

次の各問について，正しいと思われる最も適当な答をその問の下に掲げてある(1), (2), (3), (4), (5)の選択肢の中から1個選びなさい．

〔問題1〕 次のイ，ロ，ハ，ニの記述のうち，冷凍の原理について正しいものはどれか．
　イ．蒸発器では，周囲から熱を吸収して，冷媒液が蒸発する．
　ロ．凝縮器では，周囲へ熱を放出して，冷媒ガスが液化する．
　ハ．膨張弁では，外部から冷媒への熱の出入りはない．
　ニ．圧縮機では，圧縮仕事により，冷媒ガスは冷やされる．
　　(1)　イ，ロ　　　(2)　イ，ニ　　　(3)　ハ，ニ
　　(4)　イ，ロ，ハ　　(5)　ロ，ハ，ニ

〔問題2〕 次のイ，ロ，ハ，ニの記述のうち，熱の移動について正しいものはどれか．
　イ．固体の高温部から低温部への熱の移動する現象を，熱伝導という．
　ロ．固体壁の表面と，それに接して流れている流体との間の伝熱作用を，熱伝達という．
　ハ．熱通過率は，固体壁で隔てられた2流体間の熱の伝わりやすさを表している．
　ニ．固体壁で隔てられた2流体間を伝わる熱量は，(伝熱面積)×(温度差)×(比熱)で表せる．
　　(1)　イ，ロ　　　(2)　ロ，ニ　　　(3)　イ，ロ，ハ
　　(4)　イ，ハ，ニ　　(5)　ロ，ハ，ニ

〔問題3〕 次のイ，ロ，ハ，ニの記述のうち，冷凍装置について正しいものはどれか．

イ．装置の性能は，装置全体の運転条件によって決まるので，圧縮機の各効率が冷凍装置やヒートポンプ装置の成績係数に影響を及ぼすことはない．

ロ．凝縮温度が高くなっても，蒸発温度が変わらない限り，圧縮機駆動の軸動力は変わらない．

ハ．圧縮機の体積効率の値は圧力比の大きさ，圧縮機の構造によって異なり，圧力比とシリンダのすきま容積比が大きくなるほど，体積効率は小さくなる．

ニ．蒸発温度と凝縮温度との温度差が大きくなると，圧縮機の断熱効率と機械効率が小さくなるので，冷凍装置の成績係数は低下する．

(1) イ，ロ　　(2) イ，ハ　　(3) ロ，ハ
(4) ロ，ニ　　(5) ハ，ニ

〔問題4〕 次のイ，ロ，ハ，ニの記述のうち，冷媒，潤滑油について正しいものはどれか．

イ．大気中に漏れたフロオロカーボン冷媒ガスは空気より重く，アンモニア冷媒ガスは空気より軽い．

ロ．冷媒が冷凍機油に溶け込む割合は，圧力が高いほど，温度が低いほど大きくなる．

ハ．沸点の低い冷媒は，同じ温度条件で比べると，一般に沸点の高い冷媒より圧力が低い．

ニ．R134aはR22に比べて，運転温度条件が同一ならば，冷凍トン当たりのピストン押しのけ量は小さくてよい．

(1) イ，ロ　　(2) イ，ハ　　(3) ロ，ハ
(4) ロ，ニ　　(5) ハ，ニ

〔問題5〕 次のイ，ロ，ハ，ニの記述のうち，往復圧縮機の構造，作用について正しいものはどれか．

イ．吸込み弁から冷媒ガスが漏れると，圧縮機の体積効率が低下し，冷凍能力を低下させる．

ロ．開放形および密閉形圧縮機ではシャフトシールが必要である．

ハ．給油ポンプによる強制給油式の多気筒圧縮機の給油圧力は，一般に

(給油圧力) = (油圧計指示圧力) − (クランクケース圧力)
$$= 0.15 \sim 0.4 \text{MPa}$$

あれば正常である．

ニ．多気筒圧縮機のアンローダは，運転中の容量制御装置として使用されるが，始動時の負荷軽減装置としては使用されない．

(1) イ，ロ　　(2) イ，ハ　　(3) ロ，ハ
(4) ロ，ニ　　(5) ハ，ニ

〔問題6〕 次のイ，ロ，ハ，ニの記述のうち，凝縮器について正しいものはどれか．

イ．水冷凝縮器の冷却管に水あかが厚く付着すると，熱通過率の値が大きくなる．

ロ．冷凍装置に冷媒を過充てんすると，受液器を持たない空冷凝縮器では出口よりに冷媒液が溜まるので，凝縮温度の上昇と過冷却度の増大をもたらす．

ハ．空冷凝縮器の通過風速を大きくすると，熱通過率が大きくなり凝縮温度が低くなる．

ニ．空冷凝縮器は，蒸発式凝縮器と比較して凝縮温度を低く保つことができ，主としてアンモニア冷凍装置に使われている．

(1) イ，ロ　　(2) イ，ニ　　(3) ロ，ハ
(4) イ，ハ，ニ　　(5) ロ，ハ，ニ

〔問題7〕 次のイ，ロ，ハ，ニの記述のうち，蒸発器について正しいものはどれか．

イ．容量の大きな乾式蒸発器では，多数の伝熱管に対して均等に冷媒を分配して送り込むために，蒸発器の出口側にディストリビュータ（分配器）を取り付ける．

ロ．ディストリビュータ（分配器）を用いた大容量の乾式蒸発器における冷媒の制御には，内部均圧形の温度自動膨張弁を使用する．

ハ．空気冷却用蒸発器の風量を小さくし過ぎると，蒸発温度が低下する．

ニ．水冷却器では，凍結による破壊事故を防止するために，水温が下がり過ぎないようにサーモスタットで冷凍装置の運転を停止したり，蒸発圧力調整弁で蒸発圧力が設定値よりも下がり過ぎないように制御している．

(1) イ，ロ　　(2) イ，ニ　　(3) ハ，ニ
(4) イ，ロ，ハ　(5) ロ，ハ，ニ

〔問題8〕 次のイ，ロ，ハ，ニの記述のうち，自動制御機器の作用について正しいものはどれか．

イ．温度自動膨張弁の感温筒が蒸発器出口管からはずれると，膨張弁開度は小さくなり，感温筒内の冷媒が漏れると，膨張弁開度は大きくなる．

ロ．定圧自動膨張弁は蒸発圧力を一定に保ち，かつ蒸発器出口冷媒の過熱度も制御できる．

ハ．高圧側に使用されるフロート弁は，蒸発器の液面位置を制御すると同時に絞り膨張機能も持つ．

ニ．凝縮圧力調整弁は，凝縮圧力が所定の圧力より下がらないように制御する．

(1) ニ　　(2) イ，ロ　　(3) イ，ハ
(4) ロ，ハ　(5) ロ，ニ

〔問題9〕 次のイ，ロ，ハ，ニの記述のうち，冷凍装置の附属機器について正しいものはどれか．

イ．高圧受液器内に蒸気の空間の余裕をもたせ，運転状態の変動があっても，液化した冷媒が凝縮器に滞留しないようにする．

ロ．アンモニア冷凍装置では，一般に油分離器の下部にたまった冷凍機油（鉱油）を圧縮機に自動的に戻すようにしている．

ハ．フルオロカーボン冷凍装置では，凝縮器を出た冷媒液を過冷却するとともに，蒸発器出口の冷媒蒸気を適度に過熱するために液ガス熱交換器を使用することがある．

ニ．冷媒液内の冷凍機油を除去するためリキッドフィルタを使用する．

(1) イ，ロ　　(2) イ，ハ　　(3) イ，ニ
(4) ロ，ニ　　(5) ハ，ニ

〔問題10〕 次のイ，ロ，ハ，ニの記述のうち，配管について正しいものはどれか．

イ．吐出し管の口径は，冷凍機油を確実に運ぶためのガス速度が確保できるようなサイズにする．

ロ．圧縮機と凝縮器が同じレベル，あるいは凝縮器が圧縮機よりも高い位置にある場合には，圧縮機と凝縮器の間の配管は，いったん立ち上がりを設けてから，ゆるやかな上がり勾配をつける．

ハ．液管内にフラッシュガスが発生すると，膨張弁の冷媒流量が増加して，冷凍能力が増加する．

ニ．凝縮器と受液器の間に均圧管を設け，冷媒液が液流下管内を落下しやすくする．

(1) イ，ロ　　(2) イ，ハ　　(3) イ，ニ
(4) ロ，ハ　　(5) ハ，ニ

〔問題11〕 次のイ，ロ，ハ，ニの記述のうち，冷凍装置の安全装置と保安について正しいものはどれか．

イ．溶栓は，可燃性ガスまたは毒性ガスを冷媒とした冷凍装置に使用できる．

ロ．破裂板は，可燃性ガスまたは毒性ガスを冷媒とした冷凍装置には使用できない．

ハ．高圧遮断装置は，原則として手動復帰式とする．

ニ．液封が起こるおそれのある部分には，圧力逃がし装置を取り付ける．

(1) イ，ハ　　(2) イ，ニ　　(3) ロ，ハ
(4) イ，ハ，ニ　　(5) ロ，ハ，ニ

〔問題12〕 次のイ，ロ，ハ，ニの記述のうち，圧力容器の強度について正しいものはどれか．

イ．圧力容器に発生する応力は，一般に引張応力である．

ロ．設計圧力も許容圧力も周囲が大気圧であるから，ゲージ圧力が使用される．

ハ．圧力容器の円筒胴の長手方向の引張応力は，接線方向の引張応力の2倍である．

ニ．圧力容器の腐れしろは，使用材料の種類によって異なる．

(1) イ，ロ　　(2) イ，ニ　　(3) ロ，ハ
(4) イ，ロ，ニ　　(5) ロ，ハ，ニ

〔問題13〕 次のイ，ロ，ハ，ニの記述のうち，冷凍装置の圧力試験について正しいものはどれか．

イ．耐圧試験圧力は，設計圧力または許容圧力のいずれか低い方の圧力の1.25倍以上の圧力とする．

ロ．一般に空冷凝縮器や空気冷却用蒸発器に用いられるプレートフィ

ンコイル熱交換器は気密試験だけを実施すればよい.
ハ. 真空放置試験では, 真空圧力の測定には連成計が用いられている.
ニ. 真空放置試験は, 微量の漏れの有無も確認できる.

(1) イ, ロ　　(2) イ, ハ　　(3) イ, ニ
(4) ロ, ハ　　(5) ロ, ニ

〔問題14〕 次のイ, ロ, ハ, ニの記述のうち, 冷凍装置の運転状態について正しいものはどれか.

イ. 運転停止中に, 蒸発器に冷媒液が多量に残留していると, 圧縮機の再起動時に液戻りが生じやすい.
ロ. 圧縮機吸込み圧力が低下すると, 吸込み蒸気の比体積が大きくなるので, 圧縮機駆動の軸動力は小さくなる.
ハ. 圧縮機の吸込み蒸気圧力が低下すると, 一定凝縮圧力のもとでは圧力比は大きくなり, 冷凍能力は増加する.
ニ. 冷蔵庫のユニットクーラのファン3台のうち1台が停止したとき, 圧縮機の吸込み蒸気の過熱度が大きくなる.

(1) イ, ロ　　(2) イ, ハ　　(3) イ, ニ
(4) ロ, ハ　　(5) ロ, ニ

〔問題15〕 次のイ, ロ, ハ, ニの記述のうち, 冷凍装置の保守管理について正しいものはどれか.

イ. アンモニア冷凍装置内に水分が少量であっても侵入すると, 膨張弁を氷結させることがある.
ロ. 冷媒系統中にごみなどの異物が混入すると, 圧縮機のシリンダ, ピストン, 軸受などの摩耗を速めることがある.
ハ. 装置内の冷媒量が不足すると, 圧縮機の吐出しガス圧力は低下するが, 吐出しガス温度は上昇する.
ニ. 受液器をもたない冷凍装置では, 装置内の冷媒量が多すぎると圧

縮機駆動用電動機の消費電力量が増加する．

(1) イ，ロ　　　(2) イ，ニ　　　(3) ロ，ハ
(4) ハ，ニ　　　(5) ロ，ハ，ニ

法令の解答

問題1	問題2	問題3	問題4	問題5	問題6	問題7	問題8	問題9	問題10
5	5	2	3	5	5	2	4	1	3

問題11	問題12	問題13	問題14	問題15	問題16	問題17	問題18	問題19	問題20
2	2	4	4	5	3	4	1	1	5

保安管理技術の解答

問題1	問題2	問題3	問題4	問題5	問題6	問題7	問題8	問題9	問題10
4	3	5	1	2	3	3	1	2	3

問題11	問題12	問題13	問題14	問題15
5	4	5	1	5

さくいん

<あ>

アキュムレータ･･････････････････83
圧縮アセチレンガス･･････････････157
圧縮応力･････････････････････････120
圧縮ガス･････････････････････････157
圧縮機････････････････････45, 136
圧縮比･････････････････････････････24
圧力･･････････････････････････････17
圧力計･･････････････････････････128
圧力式断水リレー････････････････94
圧力スイッチ････････････････････93
圧力調整弁････････････････････････92
圧力比････････････････････････････24
圧力容器･･････････････････････119
圧力容器の応力････････････････119
圧力容器の強度････････････････121
圧力容器の材料････････････････121
油分離器････････････････････････83
アプローチ････････････････････････61
泡立ち････････････････････････････49
安全弁･･････････････････････････104
安全弁の最小口径（圧縮機）･･･････104
安全弁の最小口径（圧力容器）･････104
アンモニア冷媒････････････････････37
アンローダ････････････････････････47
アンロード状態･･････････････････48

<い>

以下･････････････････････････････156
以上･････････････････････････････156

板厚････････････････････････････123
1冷凍トン･･･････････････････････23
移動式製造設備･････････････････177
インバータ制御･･････････････････48

<え>

エアパージ･･･････････････････････61
HFC･･･････････････････････････36
HCFC･･････････････････････････36
液圧縮････････････････････････････90
液化アンモニア･････････････････161
液化ガス･････････････････････････157
液化ガスの質量の計算･･････････242
液ガス熱交換器･･････････････････84
液化フルオロカーボン･･････････161
液バック･･････････････････････････48
液封･･････････････････････････････106
液分離器･････････････････････････83
液面計･･････････････････････････184
液戻り･･････････････････････････48
エバポレータ･････････････････････69
遠心式･････････････････････････････45
エンタルピー････････････････････17

<お>

オイルフォーミング･････････････49
応急措置･････････････････････････227
往復動圧縮機････････････････････47
応力････････････････････････････119
温度自動膨張弁･･････････････････90

279

<か>

解任	214
外部均圧形	91
開閉状態（バルブ等の）	196
開閉方向（バルブ等の）	196
開放型圧縮機	46
鏡板	122
ガス漏えい検知警報装置	105
過熱水蒸気	13
可燃性ガス	178, 184
上降伏点	120
ガラス管液面計	197
乾き度	19
乾き飽和蒸気線	18
乾式蒸発器	70
完成検査	171
乾燥器	82
感熱	11

<き>

機械効率	47
危害予防規程	203
危害予防規程の細目	204
危険時の措置	227
技術基準（バルブ等の操作にかかる措置の）	196
技術基準（製造方法の）	195
技術上の基準（移動式製造設備の）	185
技術上の基準（製造設備の）	183
技術上の基準（毒性・可燃性ガス製造設備の）	184
基準冷凍サイクル	19
気密試験	128
キャピラリーチューブ	91
吸入圧力調整弁	92
凝縮圧力調整弁	92
凝縮器	55, 57, 137
凝縮熱量	15
凝縮負荷	24, 55
共晶点	44

<き>(続き)

強度（圧力容器の）	121
許可	163
許可の取り消し	171
許容引張応力	121

<く>

クーリングタワー	61
クーリングレンジ	61
空冷凝縮器	57
腐れしろ	122
くず化	234

<け>

経験（製造に関する）	214
K値	6
ゲージ圧力	157
限界濃度	106
検査記録	221
顕熱	11

<こ>

高圧圧力スイッチ	93, 103
高圧液管	113
高圧液冷媒配管	113
高圧ガス	157
高圧ガスの移動	247
高圧ガスの貯蔵	164
高圧ガスの廃棄	248
高圧ガスの販売	164
高圧ガス保安協会	157
高圧ガス保安法の目的	156
高圧遮断装置	103
高圧受液器	82
高圧冷媒ガス配管	112
高低圧圧力スイッチ	93
効率（圧縮機の）	47
超える	156
刻印	235

<さ>

材料（圧力容器の）	121

材料記号 …………………………… 121
サクションストレーナ …………… 83
作動圧力（高圧遮断装置の）…… 103
算術平均温度差 …………………… 56
散水除霜法 ………………………… 74

＜し＞

CFC ………………………………… 36
シェルアンドチューブ凝縮器 …… 58
試験圧力 …………………………… 127
自動制御 …………………………… 89
自動膨張弁 ………………………… 90
絞り膨張 ………………………… 20, 90
湿り度 ……………………………… 19
修理 ………………………………… 197
受液器 ……………………………… 82
手動制御 …………………………… 89
潤滑油 ……………………………… 38
消火設備 …………………………… 188
蒸発圧力調整弁 …………………… 92
蒸発器 ………………………… 69, 137
蒸発式凝縮器 ……………………… 60
蒸発熱 ……………………………… 12
職務の範囲 ………………………… 213
除霜 ………………………………… 74
真空試験 …………………………… 129
真空放置試験 ……………………… 129

＜す＞

吸込み管 …………………………… 113
水冷凝縮器 ………………………… 58
スクリュー圧縮機 ………………… 48
ストレーナ ………………………… 82

＜せ＞

制御 ………………………………… 89
制水弁 ……………………………… 92
成績係数 …………………………… 26
成績係数（ヒートポンプサイクルの）… 26
成績係数（冷凍サイクルの）…… 26
製造設備 …………………………… 177

節水弁 ……………………………… 92
接線方向応力 ……………………… 121
絶対圧力 …………………………… 17
絶対温度 …………………………… 5
選任 ……………………… 209, 210, 212, 214
潜熱 ………………………………… 11
全熱量 ……………………………… 12
全密閉圧縮機 ……………………… 46

＜そ＞

その他の液化ガス ………………… 157

＜た＞

耐圧試験 …………………………… 127
第1種製造者 …………… 163, 171, 213
対数平均温度差 …………………… 56
体積効率 …………………………… 47
第2種製造者 …………… 164, 172, 213
代理者 ……………………………… 214
対流熱伝達 ………………………… 5
多気筒圧縮機 ……………………… 47
ダブルチューブ凝縮器 …………… 60
断水リレー ………………………… 94
断熱圧縮 …………………………… 19
断熱効率 …………………………… 47

＜ち＞

着霜 ………………………………… 74
帳簿 ………………………………… 228

＜て＞

低圧圧力スイッチ ………………… 93
低圧液管 …………………………… 113
低圧液冷媒配管 …………………… 113
定圧自動膨張弁 …………………… 91
低圧受液器 ………………………… 82
低圧冷媒ガス配管 ………………… 113
低温脆性 …………………………… 125
定期自主検査 ……………………… 221
ディストリビュータ ……………… 74
定置式製造設備 …………………… 177

適用除外（高圧ガス）	158	熱伝導率	5
デフロスト	74	熱の移動	4
電磁弁	94	熱ふく射	6
伝熱	4	熱放射	6

＜と＞

等エントロピー線	18
等乾き度線	19
等比体積線	18
等比容積線	18
動力	23
毒性ガス	178, 184
特定施設	219, 220
特定不活性ガス	178
届出	164
届出（製造の開始の）	172
届出（製造の開始，廃止の）	172
止め弁	195
ドライヤ	82

＜な＞

内部均圧形	90
長手方向応力	122

＜に＞

二重管凝縮器	60
二重立ち上がり管	114
認定保安検査実施者	220

＜ぬ＞

塗色（容器の）	237

＜ね＞

熱貫流	6
熱貫流率	6
熱通過	6, 55
熱通過率	6
熱伝達	5
熱伝達率	5
熱伝導	5
熱伝導抵抗	5

＜は＞

配管	111
配管材料	114
吐出し管	112
ハライドトーチ	129
バルブ等の操作に係る適切な措置	196
破裂板	105
ハンチング	97
半密閉圧縮機	46

＜ひ＞

p-h 線図	16
比エンタルピー	12, 17
引張応力	120
引張強さ	121
比熱	11
表示（容器の）	236
表示方式（容器の）	237

＜ふ＞

フィルタ	82
フィルタドライヤ	83
不活性ガス	178
不凝縮ガス	61
不具合（冷凍装置の）	137
附属品	234
ブライン	39
フラッシュガス	84, 113
フルオロカーボン	36
フルオロカーボン冷媒	37
プレートフィンチューブ形	57
フロースイッチ	94
フロン	36
分配器	74

さくいん

<ほ>

保安教育	172, 205
保安検査	219, 220
保安検査証	220
保安検査申請書	220
防液堤	185
放出管	188, 197
飽和液線	17
飽和水	13
飽和水蒸気	13
ホットガスデフロスト法	74

<ま>

| 満液式蒸発器 | 72 |

<み>

水あか	60
密閉型圧縮機	46
密閉型冷却塔	61
未満	156

<も>

| 目的（高圧ガス保安法の） | 156 |

<ゆ>

油圧保護圧力スイッチ	94
融解熱	12
Uトラップ	112
遊離水分	149

<よ>

容器	233
容器検査	233
容器再検査	234
容器の製造方法	233
容器の貯蔵	238
容積式	45
溶接継手の効率	122
溶栓	105
容量制御装置	47

| 汚れ係数 | 60 |

<り>

リキッドフィルタ	82
流体の種類	197
理論冷凍サイクル	20

<れ>

冷却器	69
冷却水調整弁	92
冷却塔	61
冷凍	3
冷凍機	3
冷凍機油	38
冷凍効果	23
冷凍サイクル	19
冷媒設備	177
冷凍能力	23, 178
冷凍能力の算定	178
冷凍保安責任者	209, 214
冷媒	4, 35
冷媒液強制循環式蒸発器	73
冷媒循環量	20
冷媒配管	111
レシーバ	82
レンジ	61

<ろ>

ロード状態	48
ローフィンチューブ	59
ろ過乾燥器	83

●著者略歴●

酒井　忍
(さかい　しのぶ)

昭和39年1月　　石川県生れ
昭和59年3月　　石川工業高等専門学校　卒業
　〃　　4月　　菱機工業株式会社　工事課　技術員
昭和62年4月　　金沢大学工学部　助手
平成20年4月　　金沢大学工学部　機械工学系　助教
平成30年4月　　公立小松大学　生産システム科学部　教授
　　　　　　　　現在に至る

◎所持資格等◎
平成3年　　第3種冷凍機械責任者試験　合格
平成6年　　第2種冷凍機械責任者試験　合格
平成7年　　第1種冷凍機械責任者試験　合格
平成9年　　エネルギー管理士試験（電気）　合格
平成11年　　第1種電気主任技術者試験　合格
平成12年　　エネルギー管理士試験（熱）合格
平成13年　　技術士（機械部門）
平成20年　　博士（工学）

初めての第3種冷凍機械責任者試験受験テキスト
2003年4月30日　第1版第1刷発行
2007年3月15日　第2版第1刷発行
2020年1月20日　第2版第7刷発行

著　　者　　酒井　忍（さかい　しのぶ）
発 行 者　　田中　久喜
編 集 人　　久保田　勝信
編集協力　　石井　助次郎
発 行 所　　株式会社　日本教育訓練センター
　　　　　　〒101-0051　東京都千代田区神田神保町1丁目3番地　ミヤタビル2F
　　　　　　TEL　03-5283-7665
　　　　　　FAX　03-5283-7667
　　　　　　URL　https://www.jetc.co.jp/
印刷製本　　株式会社 シナノ パブリッシング プレス

ISBN 978-4-931575-35-6　＜Printed in Japan＞
乱丁・落丁の際はお取り替えいたします.